ここはハズせない

乳牛栄養学

～子牛の科学～

大場 真人

はじめに

子牛は可愛く癒される存在かもしれませんが、愛玩動物ではありません。また、乳牛は野生の動物でもありません。乳牛は家畜です。乳用子牛の栄養管理は、自然とは異なる環境で行なわれる経済行為であり、効果的に実践するためには科学的な知識が求められます。『ここはハズせない乳牛栄養学』シリーズ4冊目として本書には「子牛の科学」という副題を付けましたが、推奨されている栄養管理を、その科学的な根拠とともに説明することを目的に執筆しました。

子牛・育成牛の栄養管理では、早く分娩させて育成コストを下げることは目標の一つですが、泌乳牛としてのポテンシャルを最大に引き出すことも同時に求められます。栄養管理のアプローチは、増体速度だけではなく、将来の泌乳能力にも影響を与えるため、いろいろな点に配慮しなければなりません。子牛は、農場にいる乳牛のなかで遺伝的能力が最も秀でており、「農場の未来がかかっている」と言っても過言ではありません。しかし子牛の飼養管理では、推奨されている管理方法は多様です。泌乳牛の飼料設計とは異なり、専門知識がなくても子牛の栄養管理はできると考えている方は多いかもしれませんが、子牛の飼養管理では、多様な選択肢のなかから各農場で決めるべき部分がたくさんあるため、ある意味、専門知識が最も多く必要とされている分野とも言えます。

本書は、子牛の成長ステージで分けた5部構成（第1部：誕生前、第2部：誕生直後、第3部：哺乳中、第4部：離乳移行期、第5部：離乳後）で書きました。どのセクションから読み始めていただいても構いません。しかし、それぞれのセクションを読むときには、必ず第1章から読んでいただきたいと思います。なぜなら、第1章で、それぞれの成長ステージごとの子牛の特徴、子牛が必要としていることと、その理由をまとめているからです。そこをきちんと理解しなければ、推奨される栄養管理は断片的な情報になってしまい、過剰な情報に踊らされることになります。「なぜ」「どうして」を理解することは、とても大切です。

この本では、子牛の栄養管理にあたって「これだけは知っておきたい……」という情報と、その背景にある考え方を解説しています。基礎をマスターすれば応用できます。それぞれの農場の状況に応じて、ベストの管理方法を読者の皆さんが考え、子牛の栄養管理を向上させていくヒントを少しでも多く本書から得ていただければ幸いです。

2023年11月
大場 真人

目次

第５部　ここはハズせない離乳後の栄養管理の基礎知識 …………… 165

第１部

ここはハズせない
胎仔の栄養管理の基礎知識

第1章 胎内子牛を理解しよう

日本では昔、「数え年」で年齢を表してきました。「満年齢」と「数え年」の大きな違いは、生まれたときの年齢が、「満年齢」では0歳であるのに対し、「数え年」では1歳であることです。生まれたときの年齢を1歳とするのは、赤ちゃんがお母さんの胎内にいる期間を考えると理にかなっていると思います。正確には、ヒトの妊娠期間は1年ではありませんが、赤ちゃんの命が始まるのは受精したときであり、そこから成長が始まるからです。

乳牛も同じです。乳牛の妊娠期間は280日ですが、子牛の成長は胎内で始まっており、胎内の環境や母牛の栄養状態は胎仔の成長に大きな影響を与えます。しかし、影響を及ぼすのは胎内での成長だけではありません。胎内での経験は、いろいろなメカニズムにより「記憶」され、その子牛の将来の生産性や健康にも影響を及ぼし得ることが理解され始めています。胎内の環境が将来の繁殖成績や乳生産にどのような影響を与えるのかを示す二つの例を最初に紹介したいと思います。

▶胎内環境と受胎率

まず、極端な例から考えてみましょう。フリー・マーチンです。オスとメスの双子の場合、胎生初期にオス子牛から分泌される男性ホルモンが、メス子牛にも作用してメスとしての性器の発育を阻害します。外からはメスに見えても、内部は妊娠できる構造になっていないため、フリー・マーチンの子牛は不妊となる場合がほとんどです。

フリー・マーチンの例ほど極端ではなくても、母牛の血液中にも一定の男性ホルモンが含まれ、その濃度には、ある程度のバラつきがあります。そして胎内で、どれだけ男性ホルモンに晒されたかにより、胎内のメス子牛の生殖器は影響を受けます。その一つが「肛門性器間距離」です。これは「Ano-genital Distance」という英語の訳で、よく「AGD」と略されています。文字どおり、肛門の中心からクリトリス（オスの場合はペニス）までの距離のことです（**図1-1-1**）。一般的に、男性ホルモンの影響を受けるオスのAGDは長く、メスのAGDは短くなりますが、オス同士やメス同士でAGDを比較すると、大きなバラつきがあります。

今、カナダでは、乳牛のAGDが繁殖成績との関連から注目されています。AGDの短いオスは不妊症になる確率が高くなり、その反対にAGDの長いメスは受胎率などが低くなるという研究データがあります。正常なメス子牛であっても、AGDには大きなバラつき幅があります。そして、AGDの長短によって推測される胎内での男性ホルモンへの曝露は、その個体の生涯の繁殖能力に一定の影響を与えることが考えられます。AGDに関してアルバータ大学で行なわれた研究データを紹介しましょう。

図1-1-1 肛門性器間距離（Courtesy of Ambrose）

最初に紹介したい研究は、カナダのアルバータ州内の四つの農場で921頭の乳牛のAGDを測り、その牛の体高や繁殖データとの関連を調べた結果を報告したものです。産次ごとに分けたAGDのバラつきを**図 1-1-2** に示しましたが、101mm以下の牛もいれば、160mm以上の牛もいました。大きなバラつき幅のあることがわかります。AGDの平均値は、初産牛のほうが短かったものの、月齢や体高との相関関係は低いということもわかりました。月齢はAGDのバラつきの9%、体高はAGDのバラつきの4%を説明するにすぎません。大きい牛だからAGDが長くなるということはありません。

この研究では、AGDが127.1mmを超える乳牛（長AGD）と127.1mm以下の乳牛（短AGD）に分けて、繁殖成績を比較しました。3産次以上の牛では、AGDの長短に繁殖成績との関連は見られませんでしたが、初産牛と2産次牛では、AGDの長い牛の初回人工授精受胎率は低くなりました（**表 1-1-1**）。

次に紹介したい研究は、育成牛1692頭を対象にした試験です（Carrelli et al., 2021）。人工授精をする時期（平均月齢13.9）の育成牛のAGDを計測したところ、平均値は107.3mm、最低値は69mm、最大値は142mmでした。この

図 1-1-2 AGDのバラつき（Gobikrushanth et al., 2017）

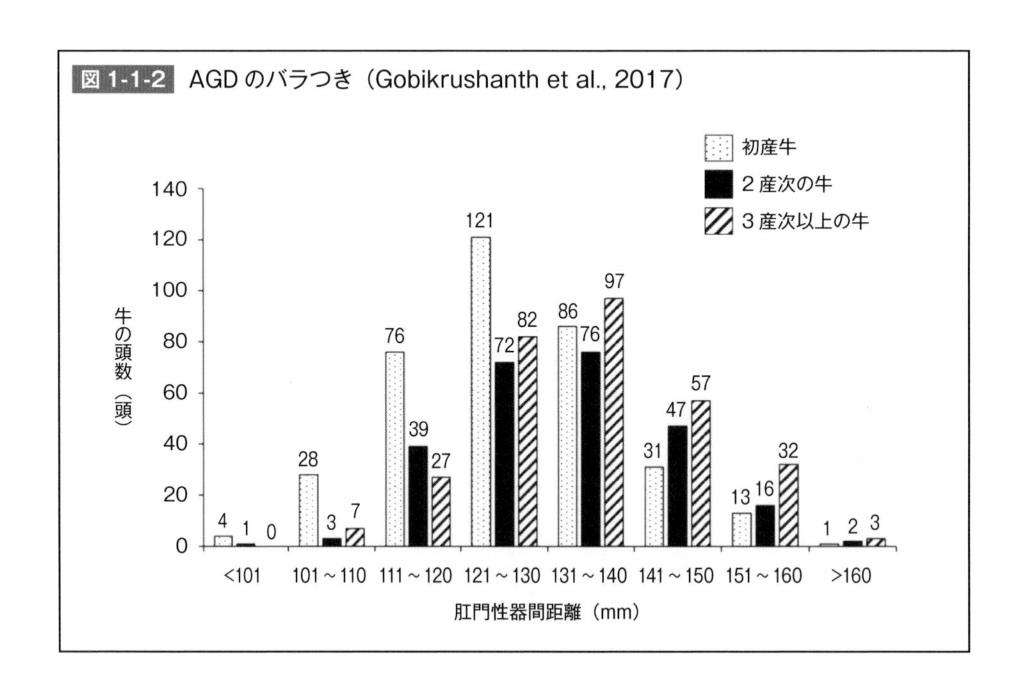

表 1-1-1　AGDと初回AI受胎率*（Gobikrushanth et al., 2017）

	長AGD	短AGD
初産牛		
平均AGD、mm	136	118
初回AI受胎率、%	30.9	53.6
2産次牛		
平均AGD、mm	138	120
初回AI受胎率、%	28.3	44.4

*すべて有意差あり（$P<0.05$）

試験では、AGDが110mm以下の牛を「短AGD」、110mmを超える牛を「長AGD」とし、繁殖成績を比較しましたが、その結果を**表1-1-2**に示しました。一般的に、育成牛の受胎率は泌乳牛よりも高く、繁殖成績が大きな問題になることは稀かもしれません。しかし、繁殖成績がもともと良好な育成牛でも、AGDの長い牛の受胎率が低かったことは注目に値します。

乳牛のAGDの長短は、酪農家が直接コントロールできないことです。栄養管理やマネージメントの良し悪しで、AGDが伸びたり縮んだりすることはありません。つまり、AGDは、牛が生まれつき持っている繁殖能力と関連が深い指標です。最初に紹介した研究で、3産次以上の牛のAGDと繁殖成績に関連がなかったというのは興味深い点です。3産次以上の牛の繁殖成績を決めているのは、

表 1-1-2　AGDの長短が育成牛の繁殖成績に与える影響*（Carrelli et al., 2021）

	長AGD（> 110mm）	短AGD（≤110mm）
初回人工授精時の日齢	432	430
初回人工授精時の受胎率、%	49.6	58.3
妊娠に要する人工授精回数	1.7	1.5
受胎時の日齢	454	448

*すべて有意差あり（$P<0.05$）

牛が生来持っている能力ではなく、それぞれの農場での栄養管理や分娩移行期のマネージメントなど、環境の影響のほうが大きいのかもしれません。

話が少しそれましたが、胎内で晒される男性ホルモンからAGDは大きな影響を受けます。ここで紹介した研究は、胎内環境が子牛に長期的な影響を及ぼし得ることをハッキリと示しています。

▶胎内でのヒート・ストレスの影響

ヒート・ストレスの影響や暑熱対策の効果を評価した研究は数多くありますが、これまでのほとんどの研究は、泌乳牛の反応だけを見てきました。乾乳牛の暑熱対策の研究でも、次泌乳期の乳量への影響を評価することが中心でした。しかし、ここで忘れてはならないのは、妊娠している牛の管理は、母牛だけでなく胎内にいる子牛にも大きな影響を与え得るという点です。ここ数年、分娩前の乳牛の管理が新生子牛にどのような影響を与えているのかを評価する研究が増えています。

最初に紹介するのは、分娩前の暑熱対策が、生まれてくる子牛にどのような影響を与えるのかを評価したフロリダ大学の研究です（Laporta et al., 2020）。この研究グループは過去10年以上にわたって、分娩前のヒート・ストレスの影響を研究してきましたが、ここで紹介するのは、分娩前にヒート・ストレスを受けた牛から生まれてきた子牛と、分娩前に暑熱対策をした牛舎にいた牛から生まれた子牛の比較です。暑熱対策をされた母牛から生まれた子牛は、初回分娩時での生存率が高くなる傾向が観察されました（**表1-1-3**）。さらに、分娩してからの乳量も高くなりました。初産次で約2kg/日だった乳量差は、3産次では6.5kg/日の差に広がりました。このデータは、誕生直前に胎内で経験するヒート・ストレスが、生まれてくる子牛の生涯の生産性に大きな影響を及ぼすことを示しています。

表 1-1-3 乾乳期間中の母牛のヒート・ストレスが胎内の子牛に与えた影響 -1
(Laporta et al., 2020)

	ヒート・ストレス（母牛・分娩前）	暑熱対策（母牛・分娩前）
生存率、%		
離乳時	89	95
初回授精時	80	87
初回分娩時 §	71	82
平均乳量、kg / 日		
初産次*	29.2	31.4
2産次*	34.4	36.7
3産次*	33.1	39.6
平均生産月数（初回分娩から淘汰まで）*	20.9	25.8

*有意差あり（$P<0.05$） § 傾向差あり（$P<0.10$）

次に紹介したいのは、ウィスコンシン大学とフロリダ大学の共同研究ですが、胎内で受けたヒート・ストレスが、どのようなメカニズムで生まれてくる子牛の成長、健康、将来の生産性に影響を及ぼすのかを調べたものです。この研究では、乾乳期間中（平均 54 日）暑熱対策をした牛舎で飼養された母牛から生まれてきた子牛（37 頭）と、ヒート・ストレスを経験した母牛から生まれた子牛（36 頭）を比較しました。暑熱対策として、ファンによる強制換気や飼槽でのソーカーが利用されましたが、ヒート・ストレスの牛舎では自然換気のみでした。この試験では、子牛の誕生後はまったく同じ環境・条件で飼養管理を行ないましたが、胎内でヒート・ストレスを受けた子牛はどのような反応を示したのでしょうか。データを見てみましょう（**表 1-1-4**）。

まず、誕生時の子牛の体重です。胎内でヒート・ストレスを受けた子牛は、誕生時の体重が約 4kg 低くなりました。これは、母牛の栄養摂取量の減少、血流量の低下、胎盤機能の低下などが、その原因ではないかと考えられています。妊娠の最終段階は、胎仔が大きく成長する時期です。胎内でのヒート・ストレスにより、胎仔の成長・発育が阻害されることが理解できます。

表 1-1-4 乾乳期間中の母牛のヒート・ストレスが胎内の子牛に与えた影響 -2（Dado-Senn et al., 2021）

	ヒート・ストレス（母牛・分娩前）	暑熱対策（母牛・分娩前）
誕生時の体重、kg*	34.8	39.0
初乳 IgG の吸収効率、%*	23.5	33.3
63 日齢までの増体速度、kg/日*	0.71	0.76
消化器官の重量、%体重		
誕生時	5.3	5.3
離乳時	16.3	16.1
乳腺の重量、%体重		
誕生時*	0.27	0.32
離乳時 §	0.31	0.36

*有意差あり（$P<0.05$） § 傾向差あり（$P<0.10$）

次に、初乳です。分娩直前のヒート・ストレスは、初乳の IgG 濃度に影響を与えませんでした。しかし、胎内でヒート・ストレスを受けた子牛は、IgG の吸収効率が大きく低下しました。その理由は不明ですが、胎内で経験したヒート・ストレスが小腸壁の機能に何らかの悪影響を与え、IgG の吸収効率が低下したと考えられます。新生子牛がどれだけの IgG を吸収できるかは、初乳の IgG 濃度だけでなく、子牛の吸収能力からも大きな影響を受けます。胎内でのヒート・ストレスが、誕生後の IgG の吸収効率を低下させるのであれば、子牛の健康にも影響があるはずです。このように、胎内でヒート・ストレスを受けた子牛は、大きなハンデを背負って人生をスタートすることになります。誕生後の最初の 63 日間の増体速度も減少しました。

この試験では、誕生直後と離乳 1 週間後に、それぞれのグループの 8 頭の子牛を安楽死させ、臓器の重さも徹底的に比較しました。興味深いことに、子牛の消化器官の重量（%体重）に差はありませんでした。しかし、乳腺の重量は、胎内でヒート・ストレスを受けた子牛のほうが低くなりました。春期発動までに乳管がどれだけ発達するかが、その後の泌乳細胞数に影響を与えると言われています。これは、胎内でヒート・ストレスを受けた子牛が将来の乳量を低下させてしまうというデータとも整合性があります。誕生直後から離乳までの時期の乳腺の発達に差があるのであれば、将来の産乳能力に悪影響が及んでも不思議ではありません。

▶胎内環境が長期的な影響を与えるのはなぜ？

興味がある方のために少し説明したいと思います（難しい話が苦手な方は読み飛ばしてください）。胎内環境が子牛の将来の乳量や受胎率に影響を与えるのは、胎内の子牛が何らかのメカニズムで胎内環境を「記憶」しているからですが、どのように「記憶」しているのでしょうか。乳牛の潜在的な乳生産能力や増体速度は、ある程度、遺伝的な要因の影響を受けます。DNA の遺伝情報に基づきタンパク質が合成されて、それが、それぞれの体器官や細胞の機能に影響を与え、最終的に乳量や増体などの面で個体差が現れます。しかし、胎内環境が DNA 情報そのものを書き換えることはありません。遺伝情報は DNA の塩基配列によって決まり、その配列が変わることはないからです。

しかし、DNA に含まれる遺伝情報だけで、すべてが決まるわけではありません。例えば、われわれの体を構成しているすべての細胞には同じ DNA が含まれていますが、骨の機能を果たす細胞もあれば、筋肉の機能を果たす細胞もあります。受精卵が異なった機能を持つ細胞や組織に分化していく過程で、特定の遺伝子を抑制したり、別の遺伝子を活性化させることで、このような分化が進みます。

DNA は設計図のようなものですが、そのすべてが使われるわけではありません。DNA には、いわばスイッチのようなものがあり、それがオンになったり、オフになることで、遺伝情報の発現がコントロールされているのです。この DNA のスイッチのオン･オフは､長期的な影響を及ぼし得ます。胎内環境が､生まれてくる個体の乳量や繁殖成績に長期的な影響を与えるのは、この DNA のスイッチをコントロールしているからではないかと考えられています。

「DNAのスイッチ」にあたるものの一つが、DNAのメチル化です。メチルというのはCH_3です。DNAがメチル化すれば（DNAにCH_3が引っ付けば）、その周辺の遺伝子のスイッチはオフになってしまい、遺伝子の発現が抑制されます。DNAのメチル化は、環境要因による影響を受けます。環境要因はDNAのメチル化などを通じてDNAのスイッチをコントロールし、遺伝子の発現に影響を与えるのです。このようなDNAメチル化などの要因は「エピジェネティクス」と呼ばれ注目されています。「エピ」には「中心ではないが関連性のある」という、言わば「周辺」という意味があります。DNAの塩基配列の変化を伴わないので、遺伝情報そのものが書き換えられることはありません。そのため遺伝を意味する「ジェネティクス」の前に「エピ」という接頭語が付きます。しかし、DNAのメチル化は、遺伝子が発現するかどうかに関して、個体の一生にわたり長期的な影響を与えるため、遺伝的能力を発揮できるかどうかを大きく左右するのです。

簡単に言うと、遺伝的能力の高い（優れたDNAを持っている）子牛でも、望ましい遺伝子のスイッチがオフになってしまえば、その遺伝能力を発揮することはできません。その反対に、遺伝的能力の低い子牛でも、高乳量を制限してしまう望ましくない遺伝子のスイッチがオフになれば、そこそこの乳量を出せるようになります。遺伝子のスイッチをオフにする、DNAのメチル化はいつでも起こり得ますが、分化・成長の早い段階での影響は比較的大きいと考えられています。そのため、誕生直後の数週間、あるいは誕生前の胎内にいる間、さらにもっと遡り、受精直後の早期胚の段階での影響についても研究が進められています。DNAのメチル化は遺伝子のスイッチであり、長期的な影響を及ぼし得るため、その影響は非常に大きいと考えられています。

ここで、誤解を避けるために一言。DNAのメチル化、それ自体は「良いこと」でも「悪いこと」でもありません。望ましくない結果を引き起こす遺伝子の発現を抑制できれば「良いこと」になりますし、望ましい結果をもたらし得る遺伝子の発現を抑制してしまえば「悪いこと」になります。そのため、DNAのメチル化の効果については、一つ一つ検証することが求められます。

「DNAのスイッチ」をコントロールしているものには、ほかに「ヒストン修飾」があります。ヒストンというのは、DNAが巻き付いているタンパク質です。ヒストンには、さまざまな物質（メチル基、アセチル基、リン酸など）が引っ付きます。引っ付くもの次第で、DNAとヒストンの構造が変化して、遺伝子の発現が活性化したり、抑制されたりします。詳細な説明は省略しますが、これも胎内の環境が生まれてくる子牛に長期的な影響を与え得るメカニズムの一つです。

▶まとめ

本章では、二つの例（AGDとヒート・ストレス）を通して、胎内の環境が、生まれてくる子牛に長期的な影響を与え得ることを示しました。子牛の栄養管理を考えるとき、これまでは「誕生した直後に初乳を飲ませて……」というところから始める教科書や普及情報が多かったと思います。本書ではそこを改め、「母牛の栄養管理が、どのような影響を胎内の子牛に与えているのか」を考えるところから話を始めたいと思います。これまでの分娩移行期の研究では、クロース・アップ期の飼養管理が分娩後の乳牛の健康や生産性に与える影響が主なテーマでした。しかし、ここ数年の北米での研究の流れを見ていると、移行期の管理が新生子牛の健康、成長、将来の生産性にどのような影響を与えるのかが注目されており、興味深いデータが発表されています。この分野での研究は始まったばかりで情報は限られていますが、次章では、そのいくつかを紹介したいと思います。

第２章　母牛の栄養管理が胎仔に与える影響を理解しよう

妊娠している母親の栄養状態が胎内の子どもに悪影響を与えることを示すときに、よく例に出されるのが、第二次世界大戦中のヨーロッパの話です。ナチス･ドイツの支配下にあったオランダでは深刻な食料不足が起き､多くの赤ちゃんが低体重で生まれましたが、この赤ちゃんの多くは成人後、糖尿病などの生活習慣病になりやすくなりました。胎内で栄養不足を経験した赤ちゃんは、栄養不足の環境に対応できるよう小さく“燃費の良い”体になって生まれてきました。しかし、誕生後の環境では、戦争は終わり食料事情が回復しました。燃費の良い体なのに高栄養・高カロリーを摂取したため肥りやすくなり、生活習慣病のリスクが高まったのです。胎内での低栄養と誕生後のエネルギー過剰摂取が、生涯にわたる長期的な健康に悪影響を与えたと考えられています。

しかし、問題となるのは胎内での低栄養だけではありません。マウスを使った研究では、高カロリーのエサを与えられた親から生まれた仔も肥りやすくなると報告しています。低カロリーであれ、高カロリーであれ、胎内での極端なエネルギー状態は胎仔の代謝機能に悪影響を与えるようです。肥りやすい体質になるかどうかも、遺伝子の影響だけではなく、胎内での環境が大きな原因になると考えている研究者もいます。

▶母牛のエネルギー状態の影響

母牛のエネルギー状態が胎仔にどのような影響を与えたのかを調べた研究データを、いくつか紹介したいと思います。

最初に紹介したいのは、30年以上前に発表された肉牛のデータです。妊娠後期にボディ・コンディション・スコア（BCS）が低下して痩せた牛と、適度なBCSを維持した牛の、胎仔と胎盤を比較したものです（**表1-2-1**）。肉牛のBCSはスコアのつけ方が乳牛とは異なりますし、1～9のスケールで表すため、単純な比較はできません。しかし、だいたい肉牛のBCS5.0が乳牛のBCS3.0と同じです（痩せてもいなし肥ってもいない）。この表で示した「適度なエネルギー状態の牛」は乳牛での3.0～3.25相当のBCSであるのに対し、「痩せた牛」の妊娠後期のBCSは乳牛での2.25相当になったと考えられます。

母牛のエネルギー状態の違いは、胎仔の体重に影響を与えませんでした。分娩直前（妊娠260日目）の胎仔の体重に有意差は見られなかったのです。しかし、興味深いことに、痩せた牛のほうが胎盤の重量は増えました。これは何を意味するのでしょうか。妊娠している牛にとって、胎仔の成長・発育は優先順位が高いと考えられます。ある程度のエネルギー不足に対しては、胎盤を大きくすることで、胎仔へのエネルギー供給を一定に保とうとしたと考えられます。

次に、乳牛の研究データを紹介しましょう。分娩直前のクロース・アップ期に高エネルギーの設計をした場合、生まれてくる子牛の体重に影響はあるので

表1-2-1 肉用繁殖牛のBCSが妊娠260日目の胎仔と胎盤に与えた影響（Rasby et al, 1990）

	痩せた母牛	適度な母牛
母牛のBCS（1～9）		
妊娠145日	5.0	5.4
妊娠200日*	4.2	5.6
妊娠256日*	3.7	5.7
胎仔の体重、kg	25.4	27.5
絨毛叢（胎仔胎盤）の重量、kg*	1.87	1.44
胎盤の重量、kg§	1.29	1.06

*有意差あり（$P<0.05$）　§傾向差あり（$P=0.07$）

しょうか。イリノイ大学では10年以上にわたり、分娩移行期のエネルギー給与に関する研究を行なっています。エネルギー要求量と比較して80％程度の制限給与をしたり、150％以上の過剰給与をしたり、常識的な範囲内で母牛のエネルギー状態を大きく変えて、その影響を調べました。しかし、生まれてくる子牛の体重を計測したところ、クロース・アップ期のエネルギー状態は、子牛の誕生時の体重にほとんど影響を与えなかったと報告しています。先ほども述べましたが、母牛は胎仔へのエネルギー供給が常に一定になるようにしています。ある程度のエネルギー過剰であれば、摂取したエネルギーは母牛の体脂肪として蓄えられ、胎仔への影響は限定的になるのかもしれません。

次に紹介したいのは、分娩前の母牛のBCSが新生子牛にどのような影響を与えたのかを調べたブラジルの研究データです。この試験では、牛をBCSに応じて、低い牛（3.0以下）、適切な牛（3.25～3.50）、過肥の牛（3.75以上）の三つのカテゴリーに分け、生まれてくる子牛の成績を比較しました（**表1-2-2**）。一般的に、過肥の牛は分娩後の代謝障害のリスクが高くなります。しかし、この研究データは、母牛の過肥が子牛には悪影響を与えていないことを示しています。

その一方で、分娩前に痩せている母牛から生まれてきた子牛は、誕生時の体重こそ変わらないものの「体高が低い」ということがわかりました。そのハン

表 1-2-2　母牛のBCSと新生子牛の体重・体高・増体速度
(Poczynek et al., 2022)

	BCS≤3.0	BCS3.25～3.50	BCS≥3.75
誕生時の体重、kg	37.6	38.6	37.4
誕生時の体高、cm	74.3[b]	76.5[a]	76.7[a]
増体速度、g/日	861	888	886
離乳時の体重、kg	120	123	123
離乳時の体高、cm	96.8[b]	98.9[a]	98.7[a]

[ab] 上付き文字が異なれば有意差あり（$P<0.05$）

デは離乳時になっても挽回できず、離乳時の体高も低いままでした。分娩移行期のBCSに関しては、過肥の弊害だけが注目される傾向があります。しかし、BCSが低い（母牛のエネルギー状態が悪い）場合、生まれてくる子牛に悪影響を与え得るというのは、興味深いデータだと思います。

経産牛の場合、妊娠中のほとんどの期間（最後の約2カ月を除き）泌乳しています。われわれは、乳生産を維持するために適切なエネルギーと栄養分を摂取させる努力をしています。そのため、妊娠中の乳牛では、極端なエネルギー過剰やエネルギー不足は起こりにくいと考えられます。泌乳ピーク時にエネルギー・バランスが極端にマイナスになる牛はいるかもしれませんが、そういう牛は、そもそも受胎しません。しかし、何とか受胎した高泌乳牛では、妊娠初期にエネルギー・バランスがギリギリの状態になる場合があります。それに対して、育成牛の場合、極端な飼養管理を行なわないかぎり、エネルギー不足がマイナスになることはないはずです。そのため、妊娠している育成牛と経産牛とでは、胎内環境に何らかの違いがあっても不思議ではありません。

そこで、次に紹介したいのは、初産牛から生まれてきた子牛と、2産以上の牛から生まれてきた子牛を比較したカナダの研究です。子牛が成長し、約2年後に最初の分娩をした後のデータを**表 1-2-3**にまとめました。2産次以上の成牛から生まれた牛の泌乳前期の乾物摂取量は、初産牛から生まれた牛よりも

表 1-2-3　母牛の産次が子牛の初回分娩後の生産性に与えた影響（Van Winters et al, 2022）

	母牛が初産牛	母牛が2産次以上
乾物摂取量、kg/日*	18.4	19.1
乳量、kg/日	30.6	30.6
泌乳前期のエネルギーバランス、Mcal/日*	-1.4	-0.2
分娩後3日目の血清Hp、g/ℓ*	1.05	0.68

*有意差あり（$P<0.05$）

高くなりました。乳量に差はなかったため、泌乳前期のエネルギー・バランスは良くなりました。どのようなメカニズムで、このような結果になったのかは不明です。しかし、妊娠初期の経産牛のエネルギー・バランスが、ギリギリの状態であったことと関係があるのかもしれません。胎内での極端な低エネルギーは問題かもしれませんが、適度な（？）低エネルギー状態であれば、胎仔にプラスとなる何らかの刷り込みを行ない、将来、乾物摂取量が高い牛になるように成長させるのかもしれません。

さらに、この研究で分娩3日後に採った血液サンプルを分析すると、2産次以上の母牛から生まれてきた子牛は、血清Hp濃度（炎症の指標）が低いという結果も出ました。分娩直後の炎症が少なかったと考えられます。分娩移行期は、さまざまな代謝ストレスがかかる時期です。2産以上の成牛から生まれてきた牛は、代謝ストレスに対応できる能力が高いのかもしれません。その理由やメカニズムはわかりませんが……。ただ、2産以上の牛は、以前に妊娠・出産を経験したことがある経産牛です。子宮内の状態や、母体と胎仔との関係に何らかの違いがあり、胎生期の環境に影響を与えるのではないかとも考えられます。

ここで紹介したブラジルとカナダの研究データは、現時点で、再現性が十分に確認されていません。そのため、「母牛のBCSは高いほうが良い」とか「初産牛から生まれてきた子牛の能力は低い」と早々に結論づけることはできません。「胎内の理想のエネルギー環境がどうあるべきか」という議論は、今のところ、さまざまな仮説を立てている段階であり推測の域を出ません。しかし「胎生期の環境が生まれてくる牛に長期的な影響を与え得る」という事実は興味深く、そのメカニズムに関して、これからの研究が期待されています。

最後に、アルバータ大学で行なった研究を紹介したいと思います。この試験では、38頭のメス子牛を使って、クロース・アップ期のTMRのデンプン濃度の違いが新生子牛の代謝に与える影響を調べました。20頭の子牛は、クロース・アップ期に高デンプン（26％）のTMRを給与された母牛から生まれ、18頭の子牛は、クロース・アップ期に低デンプン（14％）のTMRを給与された母牛から生まれました。そして、新生子牛を対象にブドウ糖耐性テストを行ないました。このテストは、ブドウ糖を頸静脈に注入して、その後90分間、インシュリン濃度を計測するものです。血糖値を一定に保つのにインシュリンがどれだけ分泌されたかを調べるテストで、言い換えれば、インシュリンに対する感受性をチェックする方法の一つです。

生後20日目の結果を**図 1-2-1** に示しましたが、クロース・アップ期に高デンプンのTMRを給与された母牛から生まれた子牛は、血糖値を一定に保つのに、より多くのインシュリンを分泌しました。これはインシュリンへの感受性が低くなったことを示唆しており、極端に言うと「糖尿病」に似た症状を示したのです。

ちなみに、この試験で、誕生時の子牛の体重に違いは見られませんでした。高デンプン・高エネルギーのTMRを給与しても、子牛の体重を増やすことはなかったのです。これは、先に紹介したイリノイ大学の一連の研究結果とも合致します。しかし、体重が変わらなくても、エネルギー代謝機能（インシュリンへの感受性）に影響を与えたというのは興味深い発見です。生後間もない(20日後）子牛の状態が、どれくらい長期の影響を及ぼすかに関しては何とも言えません。これは、これからの研究が期待される分野です。

図 1-2-1 ブドウ糖耐性テスト中の子牛の血漿インシュリン濃度（Haisan et al., 2019）

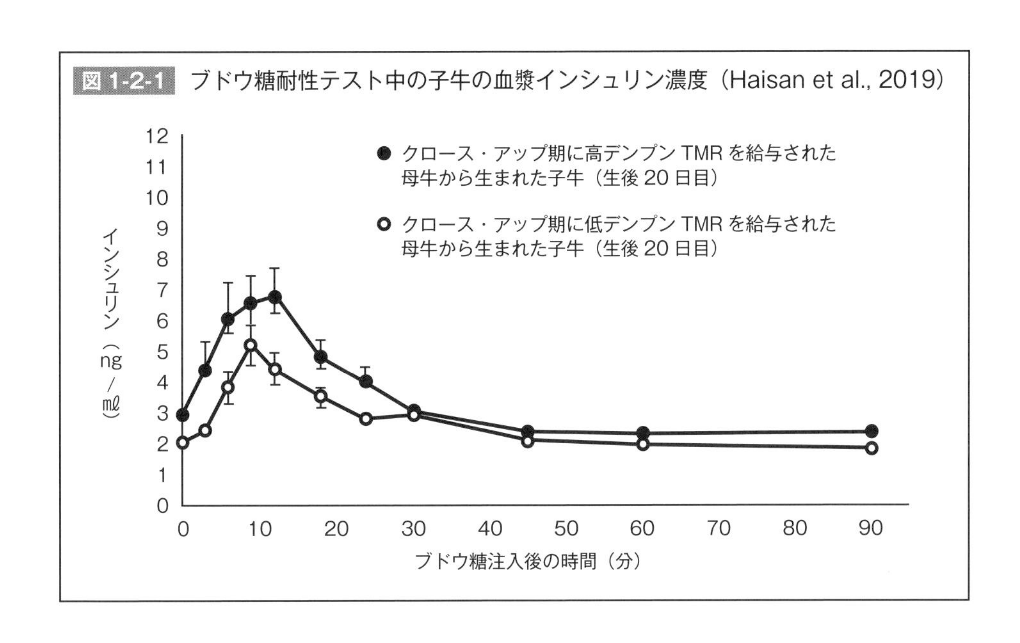

これらの研究結果をまとめると、母牛のエネルギー状態が胎仔に何らかの影響を与えることは事実ですが、そのインパクトは限定的だと言えます。それに対して、第１章で考えた「胎内で受けるヒート・ストレス」は、母牛のエネルギー状態よりはるかに大きな影響を与えると考えられます。母体の生体維持（体温のコントロール）は最優先の仕事です。ある意味、胎仔の成長や乳生産よりも優先度が高いと考えられます。体温が上がり過ぎないように、放熱のために体表面への血流量が増えれば、胎盤への血流量は劇的に減少するのかもしれません。そうなれば、誕生時の体重の減少や、長期的なダメージがあっても不思議ではありません。

先ほども述べたように、乳牛の場合、妊娠している牛は泌乳中か成長中です。極端なエネルギー不足やエネルギー過剰の状態にはないはずです。妊娠している牛にとって胎仔の成長・発育は優先順位が高いため、ある程度のエネルギー過剰やエネルギー不足であれば十分に対応できるはずです。一時的なエネルギー過剰であれば体脂肪に取り込む栄養分を増やし、一時的なエネルギー不足であれば体脂肪として蓄えたエネルギーを使います。そうすることで、母牛は胎仔へのエネルギー供給量を一定に保てると考えられます。

▶母牛へのメチオニン・サプリメントの影響

メチオニンは必須アミノ酸であり、乳牛の飼料設計で最も不足しやすいアミノ酸の一つです。泌乳牛を対象にした研究は数多く発表されていますが、ここで紹介したいのは、クロース・アップ期の乳牛へのバイパス・メチオニンのサプリメントが、胎内にいる子牛にどのような影響を与えたのかを調べた研究です。この研究では、81頭のクロース・アップ牛を使い、分娩予定日の４週間前からバイパス・メチオニンをサプリメントする牛としない牛に分けて栄養管理を行ないました。ちなみに、試験に使った牛の平均体重（783kg vs. 782kg）や平均BCS（3.72 vs. 3.71）は事実上同じでした。

生まれてきた子牛の体重や体高などのデータを**表1-2-4**にまとめましたが、

表 1-2-4 クロース・アップ期のバイパス・メチオニンのサプリメントが新生子牛に与えた影響（Alharthi et al., 2018）

	対象区	メチオニン
誕生時の体重、kg＊	42.1	44.1
誕生時の腰部体高、cm＊	79.6	81.3
誕生時の体長、cm	110	112
増体速度、kg/日＊	0.67	0.72

＊有意差あり（$P<0.05$）

胎内でメチオニンのサプリメントを受けた子牛は、誕生時の体重と体高が増えました。そして、誕生後の9週間、増体速度も僅かながら高くなりました。しかし、メチオニンが必須アミノ酸とはいえ、これほど大きな差が出るものでしょうか。少し不思議な気がします。このデータを発表した研究グループは「タンパク質を作る」という必須アミノ酸としての役割以上の何かが関係しているのではないかと考えています。

例えば、「メチオニンがホルモンのような働きをして、胎盤が取り込める栄養素を増やした」のではないかと推測しています。メチオニンからの刺激により、胎盤の栄養素を取り入れるトランスポーターの数が増えたのではないか、そしてアミノ酸だけでなく血糖を含めた多くの栄養素が胎仔に供給されたのではないか……というわけです。最近の研究は、メチオニンが必須アミノ酸の一つとしてタンパクの合成に使われるだけでなく、ホルモンのような形で細胞の働きを活性化させることを示しています。生まれてくる子牛の体重が増えることの是非はさておき、母牛へのサプリメントが胎内にいる子牛に影響を与え得るという事実は注目に値します。

さらに、仮説の域を出ないものの、メチオニンに含まれるメチル基（CH_3）の効果も否定できません。前章で、DNAのメチル化が、遺伝子情報が発現するかどうかをコントロールしていると述べました。いわば、DNAのスイッチです。メチオニンにはメチル基（CH_3）が含まれているため、メチオニンのサプリメントがDNAのメチル化に影響を与えることも考えられます。つまり、妊娠している牛にメチル基をサプリメントすれば、胎内にいる子牛のDNAのメチル化にも影響を与えるというわけです。

▶母牛へのコリン・サプリメントの影響

コリンは、乳牛の代謝に必要不可欠な栄養素ですが、エサからしか摂取できない必須の栄養素ではありません。ルーメン微生物や乳牛自身の体内でも一定量のコリンが生成されるため、『NASEM 2021』ではコリンの要求量は示されていません。しかし、今、「栄養素」としてではなく「メチル基の供給源」として、コリンが注目されています。それも泌乳牛を対象にしたサプリメントではなく、胎内にいる子牛のためのコリン・サプリメントというユニークな視点からの研究が行なわれています。先ほど紹介したメチオニンに含まれているメチル基は一つだけですが、コリンには三つのメチル基が含まれており、効率的なメチル基の供給源だと言えます。

最初に紹介したいのは、フロリダ大学で行なわれた受精卵移植に関する研究で、受精卵の培養液にコリンを加える効果を調べたものです。18頭のブラーマン種の牛から数回に分けて卵母細胞を採取し、受精させて胚を作りました。約半分の胚はコリンを含まない培養液に、残りの半分は塩化コリン（1.8mM）を含む培養液に入れました。そして受精後7日目に胚盤胞を100頭の牛に移植しました。妊娠率、妊娠ロス、実際に分娩した牛の頭数に有意差はありませんでしたが、興味深いことに、コリン入りの培養液に入っていた胚盤胞を移植された牛は、妊娠期間が約4日長くなりました（294日 vs. 290日）。

誕生時の体重、離乳時の体重データを**表1-2-5**に示しました。移植前にコリン入りの培養液に入れられた個体は、誕生時の体重が高かったことがわかります。これは妊娠期間が4日間長くなった影響も一部考えられるため、この研究グループは、実際の妊娠日数で補正した体重も比較しましたが、有意差は消えませんでした。つまり、妊娠日数の違いだけでは、誕生時の体重差を説明できないということです。そして、この誕生時の体重差は、離乳時（注：肉牛な

表 1-2-5 コリン入りの培養液に受精卵を入れた効果
(Estrada-Cortés et al., 2021)

	メス		オス	
	対象区	コリン	対象区	コリン
誕生時の体重、kg *	35.1	42.9	35.0	42.6
[1] 誕生時の補正体重、kg §	36.9	40.8	35.9	41.0
離乳時の体重、kg §	233	247	203	240
[2] 離乳時の補正体重、kg *	222	238	210	234

[1] 誕生時の補正体重は実際の妊娠日数を統計解析に含めて算出　[2] 離乳時の補正体重は 205 日換算
*有意差あり（$P<0.05$）　§ 傾向差あり（$P<0.10$）

ので離乳が遅い）まで残りました。受精卵を移植する前の「胚」の段階でコリンに晒された効果が、長期的な影響を与えていることが理解できます。

この研究グループは、生後 4 カ月の子牛から筋肉のサンプルを採って分析し、DNA のメチル化に違いがあることも突き止めました。生検サンプルを採ったのが遅かったため、いつ DNA のメチル化が起きたのかはわかりません。着床前の胚盤胞の段階でメチル化が起きていたのかもしれませんし、コリンによって引き起こされた胚機能の差が、一定期間が経過した後に 2 次的な作用としてDNA メチル化を誘導したのかもしれません。DNA のメチル化がいつ起こったかを特定することはできませんが、筋肉細胞の DNA のメチル化に違いがあるのであれば（DNA スイッチに違いがあるのであれば）、子牛の増体速度に長期的な影響を与えたとしても不思議なことではありません。「受精した直後」という超早期の段階で、家畜の長期的な生産性をどれだけプログラミングできるかに関しては、現時点でハッキリとした結論を出すことはできません。しかし、この研究データは興味深い知見です。

次に紹介したいのは、クロース・アップ期の乾乳牛へのコリン・サプリメントが胎内にいる子牛に与える影響を調べた、ウィスコンシン大学の研究です。

この試験では、ホルスタイン種の経産牛106頭を使い、分娩予定日の3週間前からコリンを0・15・22g/日のいずれかの量をサプリメントし、生まれてきたアンガス×ホルスタインのF1子牛（47頭）の増体データを比較しました。いわば、胎内でコリンをサプリメントされた影響の評価です。

表1-2-6に発育データを示しましたが、この試験で、コリン・サプリメントは子牛の誕生時の体重に影響を与えませんでした。メス子牛の増体速度にも差は見られませんでしたが、コリンのサプリメント量が増えるにつれ、オス子牛の生後3～8週間の増体速度は高くなりました。生後3日目に採った血液サンプルからDNAのメチル化（%）を調べたところ、メス子牛でDNAのメチル化に差はありませんでしたが、胎内でコリンをサプリメントされたオス子牛はDNAのメチル化（%）が高くなりました。コリン・サプリメントによる増体の差とDNAのメチル化との関連が考えられます。

この試験では、さらにホルスタイン種のメス子牛50頭から生後7・14・28・42・56日目に血液を採りました。**表1-2-7**に血液成分のデータを示しましたが、胎内でコリンをサプリメントされたメス子牛は、哺乳期間中ずっと血糖値が高く、生後7日目のLBP値が低くなりました。LBPというのは、肝臓で作られ

表1-2-6　クロース・アップ期のコリン・サプリメントが新生子牛に与えた影響（Holdorf et al., 2022）

	0 g/日	15 g/日	22 g/日
誕生時の体重、kg			
メス	38.9	41.2	42.0
オス	45.5	46.4	44.1
増体速度、kg/日（3～8週）			
メス	0.99	0.97	0.96
オス	0.95[b]	1.06[ab]	1.16[a]
DNAメチル化、%			
メス	44.5	40.0	41.6
オス	29.5[b]	51.9[a]	48.7[a]

[ab] 上付き文字が異なれば有意差あり（$P<0.05$）

表 1-2-7　胎内でコリンをサプリメントされたホルスタインのメス子牛の血液成分（Holdorf et al., 2022）

	0 g/日	15 g/日	22 g/日
NEFA、mM	0.13	0.13	0.11
ケトン体、mM	0.15	0.14	0.13
血糖、mg/dℓ*	94.8	102.4	101.5
LBP、mg/ℓ*	5.27	3.61	3.17

*有意差あり（$P<0.05$）

る急性期タンパクの一つで、消化管から体内に侵入してきたLPS（エンドトキシン：毒）と結合します。免疫反応の一つです。「LBP値が低い」ということは、消化管由来のLPSの量が少なかったこと、消化管が健康であり、バリア機能が高いことを示しています。これは、DNAのメチル化とは関連がない現象かもしれません。しかし、妊娠末期のサプリメントが、母牛だけでなく、生まれてくる子牛の代謝・免疫機能にも影響を与え得るというのは興味深い知見です。

▶まとめ

子牛の発達・成長は受精したときに始まります。「受精直後の環境」や「胎内で母牛を通じて摂取する栄養素」が、誕生後の発育や代謝に長期的な影響を与えることには十分な科学的な根拠があります。しかし、この分野の研究は始まったばかりです。現時点で、DNAをメチル化させることの意義や、メチオニンやコリンのサプリメントが子牛に及ぼす長期的な影響に関しての理解は不十分なため、そういった視点からサプリメントの是非を論じるのは時期尚早かもしれません。しかし、子牛が生まれる前、胎内にいるときから子牛の栄養環境を意識することは大切ですし、そこには大きなポテンシャルがあるはずです。

　最近の分娩移行期の研究では、生産性や健康面など、牛の反応だけでなく、生まれてくる子牛の反応にも注目しています。クロース・アップ期（あるいは妊娠中）の牛の栄養管理・飼養管理は、生まれてくる子牛の体重や代謝に影響を与えるだけでなく、その子牛の将来の生産性にも長期的な影響を与える可能性があります。妊娠中・分娩前の乳牛の栄養管理で、新生子牛への影響を考えることは重要な視点であり、これからの研究の進展が期待されている分野です。

第２部

ここはハズせない
新生子牛の栄養管理の基礎知識

第１章　新生子牛を理解しよう

ヒトの赤ちゃんは、かなり「未熟な」状態で生まれてくると言われています。生まれてから数カ月間、自分の意思で動けず、歩けるようになるまで１年近くかかります。ある意味、自然界ではありえない話です。弱肉強食の世界では、簡単に肉食動物の餌食になってしまいます。ヒトの場合、頭が大きいため、生まれてすぐに歩ける状態になるまでお母さんの胎内で成長すれば、出てこられなくなるそうです。そのため、あえて未熟な状態で出産するそうです。しかし、生まれてきた赤ちゃんの世話を親がしっかりと行なうため、少々（かなり？）未熟な状態で生まれてきても問題ないわけです。

カンガルーなどの有袋類も同じです。カンガルーの妊娠期間は１カ月程度で、体重約1gの超未熟児を出産します。しかし、新生仔は生まれてすぐ育児嚢(袋)に移動し、その中で約８カ月間成長するそうです。育児嚢があるため、未熟児を産んでも問題ないわけです。これは第二の子宮のようなものかもしれません。ヒトにせよ、カンガルーにせよ、生まれてきた状態に応じて、新生児の成長をサポートする仕組みが整っています。

酪農場で、新生子牛の世話をするのは母牛ではありません。人間の仕事です。新生子牛の成長を的確にサポートしていくためには、子牛がどのような状態で生まれてくるのかを正しく理解する必要があります。新生子牛の栄養管理について考える前に、まず新生子牛についての理解を深めることにしましょう。

▶茶色の脂肪

私はアルバータ大学で、大学４年生が履修する「乳牛管理」の授業を担当しています。新生子牛の管理に関して、試験でいつも出す問題が、新生子牛にとって大切なのは「暖かい環境」か？「新鮮な空気」か？ という二択の質問です。冬は北海道より寒くなる極寒のアルバータでは「暖かい環境」と答えたくなる学生の気持ちも理解できますが、正解は「新鮮な空気」です。きちんと乾いた状態、風が直接当たらない環境であれば、新生子牛は少々の寒さには耐えられる状態で生まれてくるからです。

新生子牛は「褐色脂肪細胞」を持っています。褐色という名のとおり、茶色の脂肪細胞です。普通の白色脂肪細胞がエネルギーを脂肪という形で蓄える役割を担っているのに対し、褐色脂肪細胞には脂肪を燃焼させ発熱する機能があります。いわば、使い捨てカイロが体内に備わっているようなものです。茶色をしているのは、脂肪細胞に大量のミトコンドリアが含まれているからです。

肉でも白い肉と赤い肉がありますが、ミトコンドリアを多く含む肉は赤い色をしています。ミトコンドリアというのは、エネルギー源を効率良く燃焼させられる細胞内小器官です。飛べないニワトリの場合、長時間にわたりエネルギー源を燃焼させる必要がないため、筋肉内のミトコンドリアが少なく白い筋肉を持っています。それに対して、飛ぶ鳥（例えば、鴨）の肉は赤色をしています。飛ぶためにエネルギーを効率良く燃焼させる必要があり、筋肉細胞の中に大量のミトコンドリアが存在しているからです。

筋肉が動くとき、代謝熱が発生します。寒い冬の朝にジョギングをする場合、一度走り出せば寒さを感じなくなるのは、皆さんも経験があると思います。これは筋肉内のミトコンドリアで燃料を燃やし発熱しているため、暖かくなるのです。上がった体温を逃がさない服を着ていれば汗をかくほどです。褐色脂肪細胞は筋肉のように「動き」ませんが、ミトコンドリアの働き（筋肉が発熱するのと同じメカニズム）で代謝熱を出します。

ちなみに、冬眠する動物も褐色脂肪細胞を持っています。冬眠から覚醒する際、体温を上げなければならないからです。いわば「低体温症」の状態から自力で体温を上げるためには、褐色脂肪細胞の存在は必要不可欠です。これは、ジャンプ・スタートでエンジンを始動させるのに似ているかもしれません。

話が少しそれました。子牛の褐色脂肪細胞ですが、新生子牛の体重の2%は褐色脂肪細胞だとする研究データがあります。誕生時の体重が50kgであれば、褐色脂肪細胞は1kgです。生まれたばかりの子牛は弱々しく見えるかもしれませんが、1kgの「使い捨てカイロ」を体内に備えているようなものです。ある意味、生まれてから数日経過した子牛よりも寒さに強いと言えるかもしれません。気温が低いなかで寝ていても、ジョギングしているのと同じ状態で体の中はポカポカしているはずです。

生まれたばかりの子牛のマネージメントで大切なことは、まず濡れた体を乾かすことです。いくら寒さに強いとはいえ、濡れたままの状態では簡単に体温を失ってしまうからです。ずぶ濡れの状態では「使い捨てカイロ」をたくさん持っていても体温の維持は不可能です。しかし、乾いた快適な環境であれば、新生子牛は－20℃くらいの気温には十分に対応できます。であれば、新生子牛にとって重要なのは「暖かい環境」よりも「新鮮な空気」だと考えることができます。子牛は体重1kg当たりの体表面が成牛よりも広いため、熱を失いやすく「寒さに弱い」と考えている人が大勢います。発酵熱を出すルーメンも機能していません。「子牛は成牛よりも寒さに弱い」というのは事実です。しかし、新生子牛は寒さに対応できる力を持って生まれてきます。少々気温が低くても、生まれてすぐ、十分に換気された場所へ移動することのほうが大切です。カーフ・ハッチなどに入れて、強風が直接当たらないように配慮すれば、冬の屋外に移動するのも問題ありません。

▶免疫機能

胎内環境は、快適で安全です。母親の体の中で、温度は適度に保たれ、胎盤を通じて必要な栄養素や酸素も自動的に届けられます。基本的に、病原菌やウイルスなどの外敵に晒される心配もありません。母親の免疫機能により守られているからです。しかし、「誕生」とは、この恵まれた環境から外へ出ていくことを意味します。自分の力で自分の身を守らなければなりません。外の世界は、病原菌となる微生物やウイルスが数多く存在していますが、自分の身を守るための「武器」の一つが「抗体」という免疫機能です。抗体とは、体内に侵入した異物と結合し、異物を生体内から除去するのを助けるモノで、免疫グロブリンとも呼ばれています。

抗体とは、戦いに必要な「武器」のようなものです。安全な環境(例えば、胎内)であれば、武器は必要ないかもしれません。しかし、誕生して出てくる外の世界は「戦場」です。武器を持たずに戦場に赴くのは無謀です。生まれてすぐに、いや可能であれば生まれてくる前に、抗体という「武器」を用意しておく必要があります。ヒトをはじめ多くの動物の赤ちゃんは、胎内で胎盤を通じて母親から抗体を分けてもらいます。これは自前の「武器」ではないものの、母親から「武器」を譲り受けることにより「戦える」状態で生まれてこられるのです。言い換えると、武器を支給されてから戦場に赴くようなものです。

しかし、乳牛など反芻動物では、胎盤を通じて抗体を獲得することができないため、「戦えない」状態で生まれてきます。その代わり、初乳に抗体が含まれており、誕生後すぐに初乳を飲むことにより抗体を獲得するという方法をとります。いわば戦場に着いてから武器の支給を受けるようなものです。明らかに、ベストの方法ではありません。危険が伴います。もし何らかの理由で武器の支給が遅れる（初乳を飲むのが遅れる）とすれば、どうなるでしょうか。武器を受け取る前に敵の攻撃を受ければ、戦うこともできずに命を落とすかもしれません。反芻動物の場合、リスクを完全に取り除くことはできないものの、リスクを最小限にするためには、生まれてすぐ、なるべく早く初乳を飲む必要があります。

▶腸内細菌

胎内の子牛が持ってはいても使っておらず、生まれて初めて使い始めるものの一つが「消化管」です。胎内では、胎盤を通じて栄養素を受け取っていたため、消化管は不要です。しかし、生まれた後は、自らが食べたものを消化し、自分の力で栄養分を吸収する必要があります。消化管そのものは体内にありますが、消化管の内側は生理的には体外です。口から肛門まで１本のホースが体の中に埋め込まれているようなイメージで考えるとわかりやすいかもしれません。この消化管（ホース）の内側は、外の世界につながっています。摂取した食べ物や消化物だけでなく、生体にとって毒となるものや病原体も存在しています。腸内にはさまざまな細菌もいます。

消化管の働きで重要な役割を担っているものに、この「腸内細菌」があります。腸内細菌には、生体の健康にプラスの影響を与える「善玉菌」、害をもたらす「悪玉菌」、そのいずれでもない細菌の三つのタイプがあります。「悪玉菌」は、腸内の栄養素を腐らせて有害物質を作り出します。下痢や炎症反応の原因ともなります。大腸菌やブドウ球菌は、悪玉菌の一例です。それに対して「善玉菌」には、「悪玉菌」の増殖を抑え、病原体の侵入を防いで排除する免疫力もあり、子牛の健康に重要な働きをします。ビフィズス菌や乳酸菌は「善玉菌」の代表格です。

子牛は、母親の胎内にいる間は基本的に無菌状態に置かれているため、胎仔の消化管に腸内細菌はいません。しかし、生まれてすぐに、いろいろな細菌を取り込みます。「生まれてすぐに……」と言いましたが、正確には、生まれる過程で産道を通過するときから、細菌の取り込みを開始します。敷料をとおして、あるいは母牛と接触し舐められたりすることでも細菌が入ってきます。生まれてすぐに食べるものにも細菌が含まれています。新生子牛の消化管に入った細菌達は、さまざまな場所で陣取り合戦を始め、それぞれの細菌が優勢になる環境を作ろうとします。

腸内でも「善玉菌」と「悪玉菌」の陣取り合戦が繰り広げられます。生まれたばかりの子牛がするべきことの一つは、なるべく早く「善玉菌」が優勢になるような腸内環境を作ることです。一度、「悪玉菌」に腸内環境を支配されてしまえば、反撃するのは難しく、排除するのも困難になるからです。生まれてから数時間が勝負です。第2章以降で詳述しますが、善玉菌が優勢になる腸内環境を作ることは、新生子牛の栄養管理で重要なポイントとなります。

▶母牛と子牛の接触

乳用子牛の飼養管理では、誕生後、数時間以内に、母牛と子牛を離します。母牛と新生子牛を一緒にしていれば、子牛の感染リスクを高めてしまうからです。しかし、今、北米やヨーロッパの国々では、この管理方法が動物福祉の視点から「残酷だ」と問題視されています。子牛の感染リスクを下げるためだ……という説明には説得力がありません。北米では、肉用子牛は母牛と一緒に6カ月ほど放牧飼養され、田舎に住んでいる消費者は日常的にその様子を見ているからです。放牧されて新鮮な空気があるなかでの管理と、牛舎内の管理とでは、事情が異なるかもしれません。しかし、肉用子牛管理の常識が、乳用子牛管理の非常識になっている現実に、一部の消費者は大きく反発しています。

酪農の世界では、誕生後すぐに母牛と子牛を引き離し、子牛が飲むはずだった乳は搾取され、人間の食料になっている……。そんな「残酷物語」の結果として生産されているものを、食べたくないし、飲みたくない……というわけです。そのような背景から、母牛と子牛の接触・つながりが、子牛の行動や健康に実際どのような影響を与えるのかを調べる研究が、今、北米やヨーロッパの大学で行なわれています。

ここで、オランダの大学で行なわれた研究を簡単に紹介したいと思います。この研究では、誕生後の2カ月間（哺乳中）の三つの管理方法を評価しました。一つ目は「接触なし」です。子牛は誕生後、数時間以内に母牛から離され、子牛用の牛舎で飼養されます。二つ目は「部分的接触」です。これは、誕生後の最初の3日間は一緒に飼養し、その後は同じ牛舎内に設置した子牛用のペンで飼養します。物理的な接触はできませんが、お互いの視界に入るため、一定の「つながり」は2カ月間続きます。三つ目は「完全接触」です。これは、搾乳牛用の牛舎で子牛を一緒に飼うという方法で物理的な接触もありますし、子牛は母牛から乳を直接飲みたいだけ飲めます。

この試験では、ウィスコンシン大学の獣医学部で開発された、子牛の体のさまざまな部分の状態をチェックして数値化する子牛ヘルス・スコアを評価しました。スコアは0・1・2・3として、0がまったく問題なし、3が明らかな異常がある状態です。ヘルス・スコアが2以上だった子牛の割合、抗生物質で治療した頭数、増体速度などの試験結果を**表2-1-1**にまとめました。

母牛との物理的な接触があった子牛は、ヘルス・スコアの一部が高くなりましたし、抗生物質による治療を受けた子牛も増えました。「部分接触」の子牛で臍スコアが高かったのは、誕生後数時間、母牛と一緒にいたペンの敷きワラ

表2-1-1　新生子牛と母牛の接触の影響（Wenker et al., 2021）

	接触なし	部分接触	完全接触
ヘルススコア ≥ 2、%			
目	0	17	70
鼻	50	56	85
咳	40	44	40
臍	10	28	30
糞	80	83	80
抗生物質による治療	0/10	4/18	6/20
増体速度、kg/日	0.72	0.75	1.01

の状態が悪かったからではないかと推察されます。「完全接触」の子牛で増体速度が高くなったのは、哺乳量が高くなったからだと考えられます。この試験データは、誕生後すぐに母牛から離すという従来の管理方法に一定のメリットがあることを示していますが、消費者からの理解･信頼を得る必要を考えると、「部分接触」の飼養管理を検討すべき時期が近い将来に来るのかもしれません。

第２章　初乳の質を理解しよう

初乳とは、分娩したばかりの牛が最初に出す乳であり、通常乳とは成分も違います。前章で、新生子牛が病原体と戦うための「武器」である免疫抗体（イミュノグロブリンG：IgG）が初乳に含まれていると説明しました。子牛は、母牛が持っている抗体を、胎盤を通じて受け取ることができません。そのため、IgGを多く含む初乳を摂取して免疫抗体を獲得することが必要になります。初乳からIgGをきちんと摂取した子牛は下痢や肺炎などにかかりにくく、死亡率も減少します。そのため、IgGを多く含む初乳は「質」が高いと言えます。

さらに初乳には、インシュリンやIGFなどの代謝ホルモンやオリゴ糖なども豊富に含まれています。これらも通常乳に含まれていないものであり、新生子牛にとって必要不可欠なものです。代謝ホルモンやオリゴ糖といった成分も、初乳の「質」を語るうえで見逃せません。それでは、具体的に考えてみましょう。

▶免疫グロブリン（IgG）の測定

初乳のIgG濃度には大きなバラつきがあります（**図2-2-1**）。平均値をとれば50g/ℓ程度かもしれません。しかし、25g/ℓ以下のものもあれば、100g/ℓを超えるものもあります。初乳を3ℓ給与すると仮定しましょう。IgG濃度が100g/ℓの初乳であれば、子牛に給与しているIgGは300gになります。しかし、IgG濃度が25g/ℓの初乳であれば、子牛に給与しているIgGは75gに過ぎません。IgG濃度が平均値の50g/ℓであれば、150gのIgGです。『NASEM 2021』が推奨しているのは、新生子牛に150～200gのIgGを給与することです。初乳のIgG濃度しだいで、同じ3ℓの初乳給与でも、十分なのか、ギリギリで足りるレベルなのか、それとも全然足りないのかが変わってくるわけです。

初乳の質を考える場合、IgG濃度のバラつきに注意し、どのような要因によりIgG濃度が影響を受けるのかをしっかりと認識する必要があります。

初乳のIgG濃度そのものを正確に分析しようと思うとコストもかかりますし、農場で分娩するすべての牛の初乳のIgG濃度を計測することは現実的ではありません。そこで、IgG濃度と相関関係があるものを計測し、初乳のIgG濃度を推定するという方法が一般的です。一昔前（私が学生の頃）は、「比重計」を使ってIgG濃度を推定していました。今となっては古典的な方法ですが、初乳サンプル（数百mℓ）をメスシリンダーに入れ、その中に比重計を入れて浮かせます。比重が大きい（IgG濃度が高い）初乳では比重計が浮き、比重が小さい（IgG濃度が低い）初乳では比重計は沈みます。比重計がどのくらい浮くかによって、IgG濃度を推定します。推定IgG濃度50g/ℓ以上のところには緑色が付いており、一目で初乳の質を確認できるようになっています。一定の年齢以上の方は覚えておられるかもしれません。

最近は、「糖度計（Brix）」を使って初乳のIgG濃度を推定することが一般的です。糖度計は、果物や野菜の糖度を測るために使われている器具ですが、

図2-2-1 初乳のIgG濃度のバラつき（Davis and Drackley, 1998）

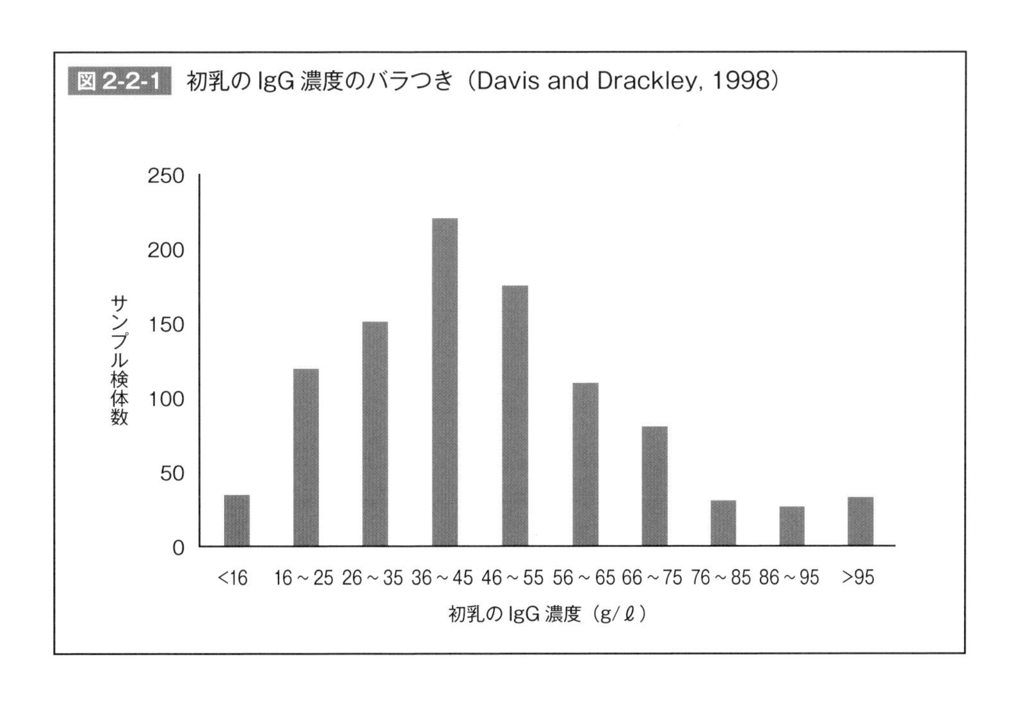

実際に測っているのは水分中の固形物です。光は真水の中ではまっすぐに進みますが、水分中に固形物があると反射して屈折します。どれだけ屈折するかで、固形物濃度を推定するという仕組みです。果物の汁の場合、固形物のほとんどが糖なので、糖度計として一般的に広く利用されています。しかし、糖度計は糖ではない固形分にも反応します。例えば、レモンにはクエン酸が多く含まれています。酸っぱくて、甘くないのに「糖分が高い」という数値を出すなど、厳密に糖度を測定しているわけではありません。しかし糖度計の、この「いい加減さ」を逆に利用すれば、初乳計として使えるわけです。

初乳の中に含まれている固形物の濃度とIgG濃度には一定の相関関係があると考えられるため、糖度計が22%を示せば、だいたいIgG濃度が50g/ℓくらいだと推定できます。22%というのは、糖度計により間接的に測定される「糖含量」です。しかし、初乳で「糖含量」という言葉を使うと誤解を招きかねません。そこで、酪農の現場では「Brix値」という言葉を使うことが一般的です（ちなみに「Brix」というのは、この方法を考えた化学者の名前で、何かの略語ではありません）。

Brix値はあくまでも推定値ですから、IgG濃度を正確に分析しているわけではありません。しかし、農場は研究機関ではありません。0.1%の単位でIgG濃度を正確に測る必要はありません。「IgG濃度が十分だな」「ギリギリかな」「全然足りていないな」と大まかな選別ができるだけで十分です。そのため、糖度計が初乳計として広く利用されているのです。一般的には、Brix値の22%が初乳の質を判断するボーダーラインになっていますが、あくまでも推定値であることを考慮に入れて、少し高めのBrix値（24%または25%）を判断基準にしている農場もあります。

▶ IgG：分娩から搾乳までの経過時間

分娩から初乳を搾乳するまでの経過時間により、初乳のIgG濃度は大きく変化します。ミズーリ大学で行なわれた研究では、分娩後2時間・6時間・10時間・14時間経過してから1回目の搾乳を行ない、初乳のIgG濃度を調べました。IgG濃度は、それぞれ113・94・82・76g/ℓでした。分娩してからの時間が経過すればするほど、IgG濃度が低くなることがわかります。

アイルランドで行なわれた別の研究では、分娩してから9時間以上経過してから搾乳すると、初乳のIgG濃度が劇的に低下すると報告しています。その理由は、IgGの総量は大きく変わらないのに、分娩後も乳汁の生産が続くからだと考えられています。

前もって別の分娩牛から搾乳して冷凍保存してある初乳を新生子牛に飲ませているなら、分娩直後すぐに搾乳する必要はないかもしれません。しかし、どんな時間に分娩した牛でも、なるべく早く初乳を搾れるような作業体系・スケジュールを考えることは重要です。どんなに遅くなっても、分娩後9時間以内に搾る必要があります。そこで、誤解を避けるために確認の意味を込めて一言。ここで「初乳」と呼んでいるのは、分娩後、1回目の搾乳で搾られる乳のことです。たとえ分娩後9時間以内に搾られていても2回目の搾乳で得られる乳は初乳ではありません。「移行乳」と呼ばれる別モノです。

▶ IgG：初産牛の初乳はダメ？

初乳のIgG濃度に関して、一般的に「初産牛の初乳のIgG濃度は低い」と言われています。初産牛は若く、さまざまな病原体に晒されてきた経験も少ないため、免疫抗体も少ないのではないか、というわけです。初乳は、必ずしも自分の母牛からのものを摂取する必要はないため、初産牛の初乳は使わずに、IgG濃度が“高いはず”の「成牛の初乳を飲ませたほうが良い」とも勧められてきました。しかし、実際のところ、どうなのでしょうか。

約25年前に発表された研究（Tyler et al., 1999）は、初産・2産・3産以上の牛のIgG濃度が、それぞれ、66・75・96g/ℓだったと報告しています。約20年前に発表された研究（Moore et al., 2005）も、初産・2産・3産以上の牛のIgG濃度が、それぞれ95・100・132g/ℓだったと報告しています。10年前に発表されたアイルランドの研究グループ（Conneely et al., 2013）のデータを見ても、初産牛の初乳のIgG濃度は3産以上の成牛と比べて約20％低いと報告していますが、初産牛の初乳のIgG濃度は97g/ℓでした。確かに初産牛の初乳のIgG濃度は相対的には低いのかもしれません。しかし、IgG濃度が95g/ℓ以上あれば十分です。私は「初産牛の初乳は使うべきではない」とは考えていません。

アルバータ大学の授業で初乳のことを教えるとき、実習の時間に、初乳計を使っていろいろな乳の比較を学生にさせます。成牛から搾乳された初乳、初産牛から搾乳された初乳、代用初乳、通常乳などのサンプルを用意します。まず、色と匂いから一番IgG濃度が高そうなサンプルを選ぶという、ソムリエのまねごとをさせます。その後に、初乳計を使って、それぞれのサンプルのBrix値を調べさせます。初乳と通常乳の違いは、色や匂いでわかるかもしれませんが、初乳サンプルのBrix値の違いをすべて色で見分けることは難しく、「初乳計を使う大切さ」を教えるための実習です。

理論的に、初産牛の初乳は、成牛の初乳よりもBrix値は低いはずです。ただ、実際に2～3のサンプルを学生に測らせると、大きな差が出ることは稀です。少なくとも、アルバータ大学の研究農場の牛では……。反対に、成牛の初乳よりもBrix値が高い初産牛の初乳に出くわすこともあります。本来なら「初産牛の初乳はIgGが少ないね」と教えたいところですが、事実に反した知識を強要できません。「初乳計で測らないと、初乳の質はわからないものだね」というオチで実習を終えることがときどきあります。

数十・数百のサンプルを比較して統計解析をすれば、初産牛の初乳のIgG濃度は、成牛の平均値より低いのかもしれません。しかし、実際に分析してみると、IgG 濃度が 100g/ℓ を超える初産牛の初乳もたくさんあります。「初産牛の初乳を使わないほうが良い」と頑固に考える必要はないと思います。

▶ IgG：大切なのは優しい気持ち

ドイツの研究グループ（Sutter et al., 2019）が非常に面白い研究を発表しました。「初乳の搾乳 3 分前から搾乳中にかけて、台車に載せた子牛を牛に見せる」ことで、初乳の IgG 濃度が 50.7g/ℓ から 56.0g/ℓ に増えたと報告しています。これは、子牛を見ることにより、母牛のオキシトシンというホルモンの分泌が多くなったからだと考えられています。この研究グループは、オキシトシン（20IU）を筋肉内に注射してから搾乳することによっても、初乳の IgG 濃度が 57.0g/ℓ に増えたと報告しています。

オキシトシンというのは、「優しい気持ち」になったときに分泌されるホルモンです。人間の場合、ハグしたときや、癒された気持ちになったときに分泌されるホルモンとして注目されています。乳牛の場合、オキシトシンには乳腺内の筋上皮細胞を収縮させ、乳汁の分泌を促す機能もありますが、オキシトシンにより IgG 濃度が高くなるのは、別のメカニズムが関係しているようです。具体的には、オキシトシンにより乳腺の細胞間のタイト・ジャンクションが弛むため、IgG が血液から乳汁へと移行しやすくなるからだと考えられています。生理的なメカニズムはさておき、オキシトシンの注射による IgG 濃度増の効果が、分娩したばかりの牛に子牛を見せるだけでも得られる、言い換えると「優しい気持ち」になった母牛が IgG 濃度の高い良質の初乳を出せるというのは、家畜福祉の視点からも興味深い研究データだと思います。

▶ IgG：分娩前のエネルギー給与

分娩前の牛に給与するTMRのエネルギー濃度も、初乳のIgG濃度に影響を与えるようです。ここで、コーネル大学で行なわれた、乾乳中のエネルギー給与が、初乳の質と生産量に与えた影響を調べた研究を紹介したいと思います。評価した栄養管理は下記の三つです。

低エネルギー：乾乳期8週間、デンプン15.0%のTMR給与
中エネルギー：乾乳前期4週間、デンプン15.0%のTMR給与
　　　　　　　乾乳後期4週間、デンプン20.1%のTMR給与
高エネルギー：乾乳期8週間、デンプン23.7%のTMR給与

「低エネルギー」ですが、これはエネルギー・バランスをマイナスにするような設計ではありません。エネルギー要求量を過不足なく充足させられるレベルです。それに対して、「中エネルギー」は、分娩前の4週間だけエネルギー要求量の25%増しで給与するものであり、「高エネルギー」はエネルギー要求量の50%増しの給与です。初乳への影響を**表2-2-1**にまとめました。

乾乳期間中のエネルギー状態は、初乳の生産量には影響を与えませんでしたが（統計上の有意差はなし)、乾乳牛への高エネルギー給与はIgG濃度を低下させてしまいました。初乳の生産量とIgG濃度との相関関係は低いため、「初乳がたくさん出るからIgGが薄まる……」ということではないようです。

表2-2-1 分娩前のエネルギー給与が初乳に与える影響（Mann et al., 2016）

	低エネルギー	中エネルギー	高エネルギー
初乳生産量、kg	5.94	7.00	7.27
IgG、g/ℓ	96.1[a]	88.2[ab]	72.4[b]
インシュリン、μU/mℓ	853[a]	1,054[ab]	1,105[b]

[ab] 上付き文字が異なれば有意差あり（$P<0.05$）

数年前にアルバータ大学で、クロース・アップ期にデンプン濃度14%か26%のTMRを給与し、牛や新生子牛の反応を評価した試験を行ないました。ゲルフ大学のSteele博士の研究室が、この試験で採取した初乳のサンプルを分析し、分娩前の栄養管理が初乳の質にどのような影響を与えるのかを調べました（Fischer-Tlustos et al., 2021）。分娩前に給与したTMRのデンプン濃度は初乳の生産量に影響を与えませんでしたが、高デンプンの設計は初乳のIgG濃度を低くしました（91.1g/ℓ vs. 106.3g/ℓ）。コーネル大学の研究データと同じく、クロース・アップ期の高デンプン給与は、初乳の生産量に影響を与えることなく、IgG濃度を低下させるという同じ結果を得ました。なぜ、高デンプン・高エネルギーのTMRが初乳のIgG濃度を減らすのか、そのメカニズムは定かではありません。しかし、再現性のあるデータであることから、何らかの生理的なメカニズムが関与していると考えられます。

ちなみに、理由は定かではありませんが、アルバータ大学の研究農場で分娩した牛から搾った初乳は、いつもIgG濃度が非常に高く、今回の試験の平均値も約100g/ℓでした。普通、IgG濃度が50g/ℓ以上あれば良質な初乳だと言われていますので、分娩前の栄養管理に関係なく、すべての牛がIgG濃度の高い初乳を生産したと言えます。

分娩前の高デンプンTMRの給与がIgG濃度を低めたとはいえ、91.1g/ℓです。十分なIgGを含んでいますので、子牛への悪影響は考えられず、大きな問題ではないと私は考えています。しかし、分娩前の栄養管理が初乳のIgG濃度に影響を与え得るというのは興味深い事実です。

▶ IgG：分娩前の光周期管理

次に紹介したいのは、分娩前の光周期管理が、初乳の質に与える影響を調べた研究です（Alward et al., 2021）。分娩前の光周期管理は、分娩後の泌乳量に影響を与えることが知られています。泌乳中は明期が長いほうが乳量を高めますが、分娩前は明期を短くしたほうが分娩後の乳量を高めます。光周期管理が泌乳生理に与える影響を考えると、初乳の質に影響を与えても不思議ではありません。この試験では、2農場からのデータを集め「予備的な調査」を行ないました。初乳の質は、デジタル糖度計を使い、Brix値で評価しました。調査結果をまとめてみました。

・乾乳前期の光周期が1分長くなるごとに、初乳のBrix値が0.04高くなった。
・クロース・アップ期の光周期が1分長くなるごとに、初乳のBrix値が0.05低くなったが、初乳の量は0.04kg増えた。
・乾乳期間が1日長くなるごとに、初乳のBrix値は0.11高くなり、初乳の量も0.16kg増えた。

データ数が限られているので、この研究から結論めいたものを出すことはできませんが、乾乳期間の長短やクロース・アップ期の光周期が、初乳の生産量やBrix値に影響を与え得るというのも興味深いデータです。アイルランドで行なわれた別の研究でも、4～5月に分娩した牛は、それ以外の月に分娩した牛と比較して、初乳のIgG濃度が約20%低かった報告しています。これらのデータをもって「光周期の影響だ」とは言い切れませんが、初乳の質に関して季節的な（自然の光周期による）影響は否定できないと思います。これからの研究に注目したい分野です。

▶ IgG：ほかの要因

牛の品種（ブリード）も、初乳のIgG濃度に影響を与えるようです。肉牛の初乳のほうが乳牛の初乳よりもIgG濃度が高いと報告している研究や、ジャージー種の初乳のほうがホルスタイン種の初乳よりもIgG濃度が高いと報告している研究があります。これは遺伝的な要因かもしれませんし、「高乳量によりIgGが薄まる」という間接的な要因が関係しているのかもしれません。

乾乳期間の長短は、初乳のIgG濃度に影響を与えるのでしょうか。IgGが妊娠牛の血液から乳腺へ移行し始めるのは、分娩の約5週間前からです。そのため、乾乳期間が極端に短い牛（3週間以下）や乾乳期間を与えられなかった牛の初乳は、IgG濃度が大きく低下します。しかし、4週間以上の乾乳期間があれば、乾乳期間と初乳のIgG濃度に相関関係は見られないようです。

一貫した研究データではありませんが、妊娠後期（分娩前）にヒート・ストレスを経験した牛の初乳はIgG濃度が低くなると報告している研究がいくつかあります。さらに、分娩予定日の3～6週間前にワクチン接種した牛は、IgG濃度が高くなると報告している研究がいくつかあります。

▶小腸の絨毛を伸ばす

哺乳中の子牛にとって、主なエネルギー源の一つが乳糖です。乳糖の消化に必要な酵素は、アミラーゼなどの消化酵素とは異なり、消化器官から「分泌」されるものではありません。乳糖の消化酵素は、小腸壁の絨毛の一部として存在しており、絨毛で乳糖を分解・消化し、その結果、できる単糖（グルコースやガラクトース）を細胞内に吸収するような仕組みになっています。タンパク質の消化・吸収の最終段階の仕事を担っているのも、脂肪酸を吸収するのも、小腸壁の絨毛です。

初乳に含まれている「有効成分」は、免疫抗体であるIgGだけではありません。消化器官の発達に必要不可欠なホルモンや栄養素も豊富に含まれており、これらは子牛の消化・吸収能力を高めるうえで重要な役割を果たします。**表2-2-2**に、初乳と通常乳の代表的な成分の違いをまとめました。IGF-1や成長ホルモンなど増体・成長を促進するホルモンや、インシュリンなどエネルギー状態の指標となるホルモンが、初乳に豊富に含まれていることがわかります。

表 2-2-2　乳牛の初乳と通常乳の比較（Ontsouka et al., 2016）

	初乳	通常乳
IgG、mg/mℓ	75～96	……
IGF-1、μg/mℓ	～3,000	5～50
IGF-2、μg/mℓ	1,825 ± 608	1 ± 0.1
成長ホルモン、μg/ℓ	～2.0	0.1～0.3
インシュリン、μg/ℓ	6～37	4～7
コレステロール、mg/mℓ	610～890	102～449

初乳に含まれているホルモンは、ホルモンとして子牛の体内・血液中には吸収されないかもしれません。しかし、子牛の消化器官（小腸壁）には、これら“バイオ・アクティブ”なホルモンを認識できるレセプターが存在しています。これらホルモンは小腸に直接働きかけ、絨毛の発達を促すことにより、新生子牛の消化・吸収能力を高めるのではないかと考えられており、その代表格はインシュリンです。

一調査研究によると、初乳のインシュリン濃度の平均値は約 35μg/ℓ ですが、その濃度には 5～263μg/ℓ と大きなバラつきがあります。

ここで、インシュリン濃度の高い初乳を飲ませると、子牛にどのような影響があるのかを調べたゲルフ大学の研究を紹介しましょう。この試験では、48頭のオス子牛にインシュリン濃度の異なる３種類の初乳を給与しました（１区16頭）。インシュリン濃度が低め（16.8μg/ℓ）の初乳に、インシュリンを加えてインシュリン濃度を５倍・10倍にした初乳を人工的に作りました。10倍といっても 168μg/ℓ ですから、通常の初乳のバラつきの範囲内の濃度です。初乳の IgG 濃度は、すべて 55g/ℓ です。用意した３種類の初乳を、誕生２時間後・14時間後・26時間後と３回、3.1ℓ ずつ給与しました。

この試験で、初乳のインシュリン濃度の違いは、子牛の血糖値や血液中のインシュリン濃度、NEFA 濃度、IgG 濃度などに影響を与えませんでしたが、初乳に含まれるインシュリンは腸の発達にプラスの影響を与えました。小腸の絨毛に関するデータを**表 2-2-3** に示しましたが、インシュリンを多く含む初乳を飲んだ子牛は、回腸の絨毛が長くなりました。インシュリンが小腸壁の絨毛突起の発達を促し、誕生直後の消化器官の発達に重要な役割を果たしていると考えられます。消化・吸収能力も高まっているはずです。

この試験では消化器官のサンプルを採るために、子牛は生後30時間後に安楽死させましたが、初乳に含まれるインシュリンが消化率や子牛の成長にどのような長期的影響を与えるのか、今後の研究が注目されています。

初乳のインシュリン濃度には大きなバラつきがありますが、それは分娩前に給与するTMRのエネルギー濃度によって変化するようです。先に紹介したコーネル大学の研究では（**表 2-2-1**）、乾乳期に高エネルギーのTMRを給与された牛は、初乳中のインシュリン濃度が高くなりました。アルバータ大学で行なわれた試験でも、分娩前に高デンプン（26%）のTMRを給与された牛は、低デンプン（14%）のTMRを給与された牛と比較して、初乳中のインシュリン濃度が80%増えました（54.4μg/ℓ vs. 30.5μg/ℓ）。

分娩前にエネルギー状態が良かった牛は、初乳のインシュリン濃度も高くなることがわかります。本章の始めで、乾乳中の高エネルギー給与は初乳のIgG濃度を低くすると書きましたが、インシュリン濃度は高めるようです。初乳の質への影響という視点からは一長一短であり、簡単にどちらが良いとは言い切れないかもしれません。

表 2-2-3 初乳のインシュリン濃度が小腸の絨毛の長さに与えた影響（Hare et al., 2022）

	低インシュリン	インシュリン5倍	インシュリン10倍
十二指腸、μm	565	530	757
空腸、μm	726	729	847
回腸、μm	678[b]	774[ab]	891[a]

[ab] 上付き文字が異なれば有意差あり（P<0.05）

初乳に含まれているホルモンが、新生子牛の消化器官の発達に与える影響に関しての研究は始まったばかりですが、初乳に含まれるホルモンが小腸壁の絨毛の発達を促進すれば、子牛の消化能力は格段に高くなるはずです。クロース・アップ牛の栄養管理の是非を論じるにあたっては、乳牛の健康や生産性という視点だけでなく、初乳の質や、それを飲む子牛の生産性も考慮に入れて考えるべきなのかもしれません。

さらに、初乳にはコレステロールも豊富に含まれています。コレステロールは細胞膜の一部を構成する栄養素であり、小腸壁の細胞の増殖・新陳代謝に必要不可欠です。子牛のコレステロール摂取量も、小腸における消化・吸収活動に大きな影響を与えると考えられます。

このように、初乳には小腸壁の絨毛の発達を促進するものがたくさん含まれており、誕生直後の子牛が消化器官を発達させるのに必要不可欠だと言えます。「初乳をきちんと飲んだ子牛は、消化能力が高くなる」と言い換えてもよいかもしれません。哺乳量を増やすと子牛の下痢が多くなることを心配する酪農家の方がいます。しかし、下痢の原因の一つは、摂取する量に応じた消化能力がないことです。摂取するものの質や量だけが下痢の原因ではありません。子牛に十分の消化能力が備わっていれば、ミルクを多く給与していても消化不良にはならないはずです。当然のことながら、下痢の原因は消化不良だけではありませんが、初乳をきちんと飲ませ、消化器官の能力を高めることは、子牛の哺育管理を成功させるうえで、とても重要です。

▶消化器官の“初期設定”

ヒトの母乳にはオリゴ糖が含まれており、乳児の健康・発育に重要な働きをします。腸内細菌には悪玉菌と善玉菌があると前述しましたが、オリゴ糖には悪玉菌の増殖を抑え、病原体が小腸の上皮細胞に引っ付くのを防ぎ、感染を防ぐ機能があります。さらにオリゴ糖は、ビフィズス菌などの善玉菌の増殖を促進するため、腸内環境を向上させ、健康にも大きく寄与します。一言で言うと、オリゴ糖には重要な整腸作用があるのです。ウシの乳にはヒトの母乳ほどのオリゴ糖は含まれていませんが、乳牛の初乳にはオリゴ糖がたくさん含まれています。

糖類には、単糖（グルコースなど）、二糖（ショ糖、乳糖など）、多糖（デンプンなど）など、いくつかの種類がありますが、オリゴ糖はその一つです。オリゴ糖の「オリゴ」という言葉は、ギリシャ語で「少ない」という意味ですが、2～10という少数の糖が含まれているものがオリゴ糖とよばれ、10以上の糖が含まれているデンプンなどの多糖と区別しています。

乳牛の通常乳にオリゴ糖はほとんど含まれていませんが、初乳のオリゴ糖濃度は約1g/ℓです。オリゴ糖には多くの種類がありますが、初乳中で最も濃度が高いのは「シアリルラクトース」という酸性のオリゴ糖です。これはシアル酸とラクトース（乳糖）が結合したものですが、シアル酸には口から入った病原体が小腸壁に付着するのを妨げるという働きがあり、悪玉菌が増殖できないようにします。

分娩後すぐに初乳を飲ませることは、このオリゴ糖を小腸に送り込み腸内環境を整えることも意味します。母牛の胎内は基本的に無菌状態です。生まれる前の子牛は、消化器官は持っていても、そこに腸内細菌はいません。いわば「空白地帯」です。腸内細菌には、下痢を引き起こしたり病気の原因となる悪玉菌（病原性大腸菌など）もいれば、健康に不可欠な善玉菌（ビフィズス菌など）もいますが、子牛が生まれた後の数日間は「早い者勝ち」で自分の縄張りを確保することができます。

一度、悪玉菌に支配されてしまえば、その後に善玉菌が領地を奪い返すことは非常に難しくなります。「逆もまた真なり」で、最初に善玉菌が定着すれば、悪玉菌は増殖しにくくなります。そこで、オリゴ糖が重要になります。オリゴ糖を多く含んだ初乳を飲ませれば、悪玉菌の増殖を抑え、善玉菌が増殖できる環境を整えることができるからです。誕生して最初の数日間は、子牛の腸内細菌叢を確立させ、下痢を予防するうえで重要な期間です。初乳の価値を語るうえで、オリゴ糖の存在は無視できません。

生まれたばかりの子牛の消化器官は、買ったばかりのコンピュータに似ています。新品のコンピュータはすぐに使えません。インターネットにつないだり、メールのやり取りをするためには、いろいろな初期設定をしなければなりません。子牛も「新品」の消化器官を持って生まれてきます。しかし、母牛の胎内では、胎盤を通じて栄養素が直接血液中に入ってくるため、実際に消化器官を使った経験はありません。消化器官を使える状態にするためには、生まれた後に初乳を飲み、そこに含まれているインシュリンやオリゴ糖などを摂取して、消化器官の初期設定を済ませる必要があるのです。初乳を飲ませる理由は、IgG の移行など免疫力を付けることだけではありません。消化器官を使える状態にするためにも、初乳を飲ませることは大切なのです。

第３章　初乳の給与方法を理解しよう

「はやい、うまい、やすい」という某牛丼チェーンのキャッチ・フレーズがありますが、それをマネて初乳給与のキャッチ･フレーズを考えると「はやい、おおい、きれい」になるかと思います。少しむりくり感がありますが……。「はやい」のは大切です。「おおい」というのは初乳の量そのものではなく、初乳から供給されるIgG（免疫抗体）の量のことを指しますが、これも重要です。「きれい」な初乳を与えることにも大きな生理的意義があります。

それでは、初乳給与を考えるうえで、なぜ、この３条件が大切になるのか詳しく考えていきましょう。

▶早さが大切な理由

生まれてすぐに、なるべく早く、初乳を飲ませることが重要なのには、いくつかの理由があります。最も大きな理由は、できるだけ早く抗体（IgG）を子牛に与えるためです。IgGは病原菌となる微生物やウイルスから自分の身を守るための「武器」のようなものです。第１章でも書きましたが、反芻動物は胎盤を通じて抗体を受け取ることができないため、いわば「丸腰」の状態で生まれてきます。その代わり、生まれてすぐに抗体を含んだ初乳を飲むことで、病原菌と戦うための武器を母牛から譲り受けます。戦場に着いてから（胎外に出てから）武器の支給を受けるようなものです。丸腰のままの状態が長引けば、非常に危険です。病原菌が体内に侵入しても、戦うすべがないからです。

子牛のためにできる最善のことは、何時であっても、真夜中でも、どれだけほかの仕事で忙しくても、生まれてすぐに武器を支給することです。初乳を飲ませることは一刻を争います。兵隊を戦場に送り込んだ後に、「明日の朝、時間のあるときに武器を支給するので、それまで待ってもらえませんか」と言うのは、あまりにも無責任です。

生まれてすぐに初乳を飲ませることが重要な二つ目の理由は、時間の経過とともにIgGの吸収効率が下がってしまうことです。生まれてすぐなら吸収できても、時間の経過とともに吸収する力は加速度的に低下し、24時間後にはほとんど吸収できなくなってしまいます。IgGというのはタンパク質です。普通、タンパク質を摂取すれば、胃や腸で消化されてしまい、アミノ酸として体内に吸収されます。タンパク質として吸収されることはありません。IgGも同じです。生まれてすぐの子牛以外に給与するなら、消化されてアミノ酸になってしまうため、IgGとして血中に吸収されることはありません。しかし、生まれてすぐの、消化器官がまだ十分に機能していないタイミングであれば、IgGの大部分は消化されずに小腸までたどり着くことができます。

しかし、IgGが小腸までたどり着けたとしても、通常、小腸はIgGをIgGのまま吸収することはできません。IgGはタンパク質であり、そのまま吸収するにはサイズが非常に大きいからです。小腸をはじめ動物の消化器官には「病原菌を体内に吸収させない」という大切な仕事が課せられています。いわば「城壁」となり敵が侵入できないように守りを固めているのです。サイズが大きいタンパク質も、外敵と同じで、体内に入れません。新生子牛にIgGを供給するというのは、「籠城している城内へ武器を補給する」というリスクの高い任務に似ています。どうしても一時的に門を開けなければなりません。しかし、開けっ放しにはできません。

では、どのタイミングで「開門」すべきなのでしょうか。最も効果的なタイミングは「生まれてすぐ」です。「生まれてすぐ」であれば、タンパク質が十分に消化されず、小腸までたどり着く可能性が最も高くなります。子牛がIgGを必要としているタイミングも「生まれてすぐ」です。そこで、固く閉じておく必要のある門を「生まれてすぐの数時間だけは例外的に開けましょう」という状態にしているのです。

しかし、門を開けたままにすれば、敵も侵入してきます。いつまでも開けたままにはしておけません。「小腸壁の門」は、生まれて数時間後に閉まり始め、24時間後には完全に閉まるようになっています。そのため、リスクを取りながらも開門している、この貴重な数時間をムダにすることは禁物です。門が開いている短い時間帯（生まれてすぐ、なるべく早く）にしか、城内に武器を運び込めません。真夜中でも、どれだけ忙しくても、一時的に門が開いている時間をムダにしては「作戦失敗」です。一度、門が閉まってしまえば、武器の補給はできなくなります。生まれてすぐに初乳を飲ませないというのは、重要任務の放棄であり、戦国時代であれば切腹モノです。

ここで、アルバータ大学で行なわれた研究データを紹介したいと思います。この試験では、生まれてすぐ（45分後）、6時間後、そして12時間後に初乳を飲ませた子牛の血清IgG濃度を調べました。子牛に給与された初乳は、それまでに搾った初乳を集めて混ぜたもので、すべての子牛に同じ初乳（IgG濃度：62g/ℓ）が給与されました。量は、誕生時の体重の7.5%で統一しました。

初乳を給与してから12時間後・24時間後・36時間後の血清IgG濃度を**表2-3-1**に示しましたが、子牛が生まれてから6時間後、あるいは12時間後に

表2-3-1 初乳を飲ませるタイミングがIgG移行に与える影響
(Fischer et al., 2018)

	誕生45分後	誕生6時間後	誕生12時間後
誕生の体重、kg	43.5	42.0	42.2
IgG摂取量、g	202	195	196
血清IgG、mg/mℓ			
誕生20分後	0.4	0.4	0.4
給与12時間後	23.2[a]	15.2[b]	15.3[b]
給与24時間後	22.3[a]	17.0[b]	16.9[b]
給与36時間後	19.3[a]	14.9[b]	15.6[b]
IgG吸収効率、%	51.8[a]	35.6[b]	35.1[b]

[ab] 上付き文字が異なれば有意差あり（$P<0.05$）

初乳を飲ませた場合、血清 IgG 濃度が低くなることがわかります。同じ初乳を、同じ量（体重比で）飲ませたにもかかわらず、このような違いが出たことは、子牛の IgG を吸収する力の違いであると結論づけられます。誕生してすぐに初乳を飲ませてもらえなかった子牛の IgG 吸収効率が約 35％であったのに対し、生まれてから 45 分後に初乳を飲んだ子牛の IgG 吸収効率は 50％を超えました。生まれてすぐ、なるべく早く、初乳を飲ませることが大切であることをこのデータは示しています。

前章で、初乳を飲ませるもう一つの理由が、オリゴ糖を給与することで腸内の善玉菌（例：ビフィズス菌、乳酸菌）を増殖させることだと説明しました。善玉菌が増殖すれば、悪玉菌（例：クロストリジウム菌、大腸菌）が増殖しにくくなります。その反対に、悪玉菌がナワバリを確立してしまえば、善玉菌が増殖しにくくなります。そのため、初乳をなるべく早く飲ませれば、腸内環境を整えることも可能となります。

先ほど紹介したアルバータ大学の研究では、誕生 51 時間後に、腸内の 3 カ所から消化物と腸粘膜のサンプルを採り、それぞれの細菌叢の分析をしました。結腸の粘膜と消化物の細菌叢データを**表 2-3-2** に示しましたが、初乳をなるべく早く飲ませることで、ビフィズス菌や乳酸菌といった家畜の健康増進に貢献する善玉菌の割合が増えていることがわかります。その一方で、結腸の消化物中のクロストリジウム菌（悪玉菌）の割合が減っています。

初乳を早く飲ませることの意義は、IgG の吸収効率を高めることだけではありません。腸内細菌叢を理想的な状態にすることにも貢献するのです。腸内環境が整った子牛は、下痢をしにくくなります。有毒な病原体が消化管から体内に侵入するリスクも低くなります。そうなれば、その後に与えられるミルクの消化・吸収もスムーズにいき、順調に増体していくはずです。その後の成長にも大きなプラスになるのです。このようなメリットを考えると、初乳の給与を遅らせることが、いかに取り返しのつかない損害を子牛に与えているかが理解できるかと思います。「はやい！」は初乳給与で最も重要なことです。

表 2-3-2 初乳を飲ませるタイミングが結腸の微生物叢に与える影響 (Fischer et al., 2018)

	誕生 45 分後	誕生 6 時間後	誕生 12 時間後
粘膜（% 合計バクテリア）			
ビフィズス菌	1.24[a]	0.50[ab]	0.12[b]
乳酸菌	0.26[a]	0.20[ab]	0.07[b]
クロストリジウム菌	2.59	2.00	2.11
大腸菌	1.70	2.59	2.55
消化物（% 合計バクテリア）			
ビフィズス菌	8.06	1.04	0.39
乳酸菌	0.77	0.71	0.28
クロストリジウム菌	5.4[a]	10.2[b]	7.7[ab]
大腸菌	5.2	8.8	10.2

[ab] 上付き文字が異なれば有意差あり（$P<0.05$）

▶初乳は何ℓ飲ませればよい？

初乳をどれだけ飲ませるのかに関しては、それぞれの農場でいろいろなプロトコールがあると思います。「生まれてすぐに2ℓ飲ませて、その後24時間以内に数回飲ませるべきだ」と推奨している人もいれば、「何が何でも、生まれてすぐに3～4ℓ飲ませるべきだ」という人もいます。何か基準はあるのでしょうか。

『NASEM 2021』では、150～200gのIgGを給与することが目安になるとしています。IgG濃度が50g/ℓの初乳であれば、3～4ℓ飲ませなければなりません。しかし、IgG濃度が100g/ℓの初乳であれば、2ℓ飲ませるだけで十分です。初乳をどれだけ飲ませるべきかは、初乳のIgG濃度しだいです。しかし、IgG濃度が高くない初乳で十分な量のIgGを子牛に給与するためには、かなりの量を飲ませなければなりません。そういった事情から、余裕をみて「誕生後すぐに3～4ℓ飲ませるべきだ」と推奨されています。

しかし、「飲むべき」と「飲める」と「喜んで飲める」は別問題です。乾杯直後の最初の一口のビールは美味しくても、ビール３ℓの一気飲みは苦痛です。新人の歓迎会で一気飲みさせるのは、人間の世界では、今ではNGです。しかし､新生子牛の歓迎会では推奨されています。初乳を飲もうとしない子牛には、胃チューブを使って強制的に一気飲みさせることを勧める人もいるくらいです（人間の世界では明らかなパワハラ？）。「なるべく早く初乳を飲ませる」ことがいかに重要であっても、「飲もうとしない」子牛にも、それぞれの事情があるはずです。そんな子牛に初乳を「一気飲み」させるのは、どうなのでしょうか。無理やり飲ませても、IgGはきちんと吸収されるのでしょうか。

ここでゲルフ大学の研究データを紹介したいと思います。これは、大量の初乳を誕生直後に飲ませるよりも、12時間以内に数回に分けて飲ませたほうが良いのではないか、という考えから実施された試験です。具体的な初乳給与のプロトコールは下記のとおりです。

A：誕生１時間以内に体重の8%、12時間後に体重の4%
B：誕生１時間以内、6時間後、12時間後に、それぞれ体重の4%

どちらの給与方法も、12時間以内に同じ量を飲ませています。Aの飲み方が「乾杯直後に一気飲み」を強いる給与方法なのに対し、Bのほうは「大人の飲み方」です。楽しんで飲める量かもしれません。この試験では、IgG濃度が70.5g/ℓの代用初乳を飲ませましたが、結果はどうだったのでしょうか。

試験結果を**表2-3-3**に示しましたが、24時間後の血清IgG濃度やIgG吸収効率に差はありませんでした。しかし、血清IgG濃度の曲線下面積を見ると、２回給与（誕生１時間以内に体重の8%、12時間後に体重の4%給与）された子牛のほうが高くなっています。３回に分けて、１回２ℓ以下の量の初乳であれば、子牛は楽に飲み切れるのかもしれません。しかし、３回に分けて初乳を飲ませるメリットはありませんでした。多少、子牛には頑張ってもらい、「なるべく早く、なるべく多く」飲ませたほうが良いと考えられます。

表 2-3-3 初乳の給与回数の影響（Lopez et al., 2022）

	2 回給与（A）	3 回給与（B）
誕生時の体重、kg	46.5	45.6
体重の 8%（初乳の給与量）	3.72	……
体重の 4%（初乳の給与量）	1.86	1.82
24 時間後の血清 IgG、g/ℓ	25.8	25.7
血清 IgG 濃度の曲線下面積		
初乳給与後 6 時間*	37	25
初乳給与後 12 時間*	145	106
初乳給与後 24 時間*	443	380
初乳給与後 48 時間*	998	867
IgG 吸収効率、%	27.6	27.7

*有意差あり（P<0.01）

▶初乳の飲ませ方：胃チューブ vs. 哺乳ボトル

飲んでほしいだけの初乳を、生まれたばかりの子牛が、いつも飲んでくれるとはかぎりません。それでも、なるべく早く、なるべく多くの初乳を飲ませたい……。そういうときに利用されるのが、胃チューブです。飲むか飲まないか、子牛の意思にかかわらず、一定量の初乳を“強制的に”流し込むわけです。確実に初乳は子牛の消化管内に入ります。しかし、このような形で無理やり飲ませても、子牛は IgG をきちんと吸収できるのでしょうか。

胃チューブを使って無理やり飲ませると、第二胃溝反射が起こらず、初乳がルーメンに溜まってしまい、IgG が吸収される小腸まで初乳がたどり着かず、IgG が吸収されなくなるという「都市伝説」があります。

「第二胃溝反射」というのは、子牛が舌を使って吸いながらミルクを飲むときに起きる生理現象です。乳首のついた哺乳ボトルでミルクを与えれば、自然な形で第二胃溝反射のための刺激を与えることになります。第二胃溝が閉じると、溝が管のような形に変わり、飲んだものが食道から第三胃まで直行します。物理的にルーメンをバイパスするわけです。しかし、胃チューブを使って初乳を飲ませれば、第二胃溝反射は起こりません。もし、胃チューブを使って初乳を飲ませることでルーメンに初乳が溜まり、IgGが吸収されなくなれば、初乳を飲ませる意味がなくなります。しかし、そんなことが起こるのでしょうか？

ここで、胃チューブを使って飲ませるのと、哺乳ボトルを使って飲ませるのとで、IgG吸収効率などにどのような違いがあるのかを調べた研究データを紹介したいと思います。都市伝説の検証です。

この試験では、20頭の子牛を使い、誕生2時間後に代用初乳（3ℓ、IgG：200g）を飲ませました。10頭の子牛には哺乳ボトルを使って飲ませ、残りの10頭には胃チューブを使って飲ませました。ちなみに、哺乳ボトルで初乳を与えられた子牛が30分以内に飲み切れない場合、残りの初乳（500mℓ以下）は胃チューブを使って給与することにしていましたが、この条件に該当した子牛は1頭だけでした。

試験結果を**表2-3-4**に示しましたが、哺乳ボトルで初乳を与えられた子牛は3ℓを飲み切るのに平均で18分近くかかったのに対し、胃チューブを使って飲んだ子牛は約5分で飲み切りました。初乳が小腸に流入する速度、IgGの吸収効率、血清IgG濃度、そのすべてにおいて、違いはまったく見られませんでした。つまり、胃チューブを使って飲ませることによるデメリットはなかったのです。逆に、胃チューブを使って飲ませることにより、12時間後に与えられる全乳を自発的に飲む量が増えたり、血糖値が高くなるといったプラスの効果が見られました。

生まれたばかりの子牛のルーメンの容量は約400mℓ程度です。胃チューブを使って初乳を少しだけ飲ませると、相対的に多くの初乳がルーメンに溜まるのかもしれません。しかし、この試験のように3ℓというまとまった量を飲ませるなら、ルーメンに入るかもしれない量は、相対的に誤差の範囲内だと考えられます。

表 2-3-4 初乳の給与方法の影響（Desjardins-Morrissette et al., 2018）

	哺乳ボトル	胃チューブ
初乳を“飲む”のに要した時間、分*	17.6	5.2
初乳の小腸への流入速度、%/時	52.4	52.9
IgG 吸収効率、%	52.7	53.2
血清 IgG 最大値、g/ℓ	24.2	24.7
全乳の摂取量、ℓ		
1 回目（誕生 12 時間後）*	2.47	2.96
2 回目（誕生 24 時間後）	2.96	2.97
3 回目（誕生 36 時間後）	2.90	3.00
4 回目（誕生 48 時間後）	3.00	3.00

*有意差あり（$P<0.05$）

胃チューブを使って初乳を飲ませるとIgGの吸収効率が下がるのでは……と心配する根拠はありません。「なるべく早く、なるべく多く」というのは初乳給与の大原則ですが、それを達成するための胃チューブの利用をためらう生理的な理由はないのです。

▶ “追い抗体”

「初乳を3～4ℓ飲ませるべきだ」とするのは、多少IgG濃度が低い初乳を使っても確実に目標量（150～200g）のIgGを給与するためです。もしIgG濃度が高い初乳であれば、3～4ℓも飲ませる必要はありません。これは、お酒をどれだけ飲めば酔っぱらうかを考えるのに似ているかもしれません。酔い加減は、飲酒量だけではなく、どういうお酒を飲むのか、そのアルコール度数によって変わります。ビールを中ジョッキで3杯飲むのと、日本酒を2合飲むのとでは、アルコールの摂取量はだいたい同じくらいになります。同じように、IgGの摂取量を考えた場合、IgG濃度が60g/ℓの初乳3ℓと、IgG濃度が90g/ℓの初乳2ℓとでは、IgG摂取量は同じになります。

IgG濃度の高い初乳を使えば、子牛が簡単に飲み切れる量の初乳給与で済むかもしれませんが、IgG濃度の低い初乳であれば、かなりの量を飲ませなければ子牛が必要としているIgGを供給できません。しかし、生まれたばかりの子牛に、胃チューブを使って大量の初乳を流し込むことに抵抗のある方がおられるかもしれません。そこで出てくるのが「追い抗体」、初乳に代用初乳を混ぜてIgGを追加するというアプローチです。ここで、「追い抗体」という代用初乳の新しい使い方に関して、ゲルフ大学で行なわれた研究を紹介したいと思います。

まず試験の背景を簡単に説明しましょう。代用初乳にはIgGが十分に含まれており、子牛の免疫力を高めるうえでは十分な効果がありますが、実際の子牛の反応は、初乳給与と比べると劣る場合があります。初乳には、IgG以外にも子牛の成長と健康に必要不可欠な、さまざまな生物活性物質が含まれているからなのかもしれません。今、その機能がある程度理解されている初乳成分もありますが、まだわれわれが知らない、認識していない成分もあります。基本的には、初乳を使うのがベストだと思います。分娩した牛から搾乳すればよいので、購入コストもかかりません。しかし、初乳にはIgG濃度が低いなど、ときどき質の低いものもあります。そこで「IgG濃度が低い初乳のIgGを増やすために、代用初乳を混ぜたものを給与できないか」という視点から行なわれたのが、ここで紹介したい研究です。

この試験では、まずIgG濃度が30g/ℓだった低品質の初乳に、代用初乳を混ぜてIgG濃度を60g/ℓに高めた「初乳」を用意しました。同様に、IgG濃度が60g/ℓだった中品質の初乳にも、代用初乳を混ぜてIgG濃度を90g/ℓに高めました。IgG濃度が90g/ℓだった高品質の初乳は、そのまま給与しました。80頭のオス子牛を使って、これら5タイプの「初乳」を比較しました（1区16頭）。実際の摂取量の違いに伴うノイズを減らすために、胃チューブを使ってすべての子牛に3.8ℓの「初乳」を給与しました。

子牛の反応を**表 2-3-5** に示しましたが、子牛の血清 IgG 濃度は、IgG 濃度が 30g/ℓ だった初乳を給与された子牛が最も低く 11.8mg/mℓでしたが、代用初乳を混ぜて IgG 濃度を 60g/ℓ に高めた「初乳」を給与された子牛は 19.9mg/mℓに高まりました。これは、もともとの IgG 濃度が 60g/ℓ の初乳を給与された子牛の 24.3mg/mℓよりは低い値ですが、代用初乳を使えば、IgG 濃度が低い初乳でも有効に使えることを示しています。

初乳には IgG 以外にも、子牛の消化器官の成長に必要な因子や、感染防御に有効な成分が含まれています。この試験でも、代用初乳が混ざっていない初乳を 100%給与された子牛のほうが IgG の吸収効率が高く、初乳が小腸へ流入する速度も高くなりました。そのメカニズムはハッキリとわかりませんが、代用初乳のタイプにより、第四胃でのカード形成が影響を受けるのと関係があるのかもしれません。高品質の初乳に勝るものはありません。しかし、IgG 濃度の低い初乳に代用初乳を混ぜるというアプローチは、初乳の良さを活かしつつ、IgG 濃度を確実に高めることを可能にします。代用初乳の興味深い使い方だと思います。

表 2-3-5 代用初乳を混ぜて IgG 濃度を高めた初乳の給与効果
(Lopez et al., 2023)

初乳の IgG、g/ℓ	30		60		90
給与乳の IgG、g/ℓ	30	60 *	60	90 *	
血清 IgG、mg/mℓ	11.8[d]	19.9[c]	24.3[b]	26.9[b]	35.7[a]
IgG 吸収効率、%	42.4[ab]	36.3[bc]	45.1[a]	33.4[c]	43.2[a]
初乳の小腸への流入速度、%/時	16[a]	9[c]	13[b]	9[c]	11[c]

*初乳に代用初乳を添加し IgG 濃度を高めた
[abc] 上付き文字が異なれば有意差あり（P<0.05）

▶低温殺菌すべき？

次に、初乳給与の三番目のキャッチ・フレーズ「きれい」について考えてみましょう。

初乳を搾るときには、普段使わないミルカーを使うことが多いかと思います。毎日使っているミルカーと洗浄方法が異なれば、洗浄が適切に行なわれない場合があります。冷凍初乳を使っている農場であれば、解凍している時間や常温で放置しておく時間も長くなるかもしれません。さらに、哺乳ボトルの乳首の部分は洗浄が難しく、清潔に保たれていないケースもあります。

出荷する生乳には細菌数の基準があり、酪農家の方々は衛生管理などに注意して仕事をしています。しかし、子牛に飲ませる初乳に関しては、細菌数を定期的にチェックする機会がないこともあり、細菌数が高い、生乳であれば出荷できないようなレベルの初乳を、平気で（あるいは気づかずに）子牛に飲ませているケースがあります。アメリカのウィスコンシン州で行なわれた調査では、初乳サンプルの82%が細菌数10万/mℓを超えていたそうです。ミネソタ州で行なわれた別の調査でも、細菌数が10万/mℓを超えていた初乳サンプルは93%以上にのぼりました。

細菌は増殖するのに倍々の速度で増えていきます。例えば、大腸菌は増殖するのに理想的な環境に置かれると、20分に1回の速さで分裂して2倍になると言われています。少し遅く見積もって、30分で細菌数が2倍になると仮定しましょう。そして、ここに細菌数が1万/mℓの初乳があるとしましょう。30分で細菌数が2倍になれば、5時間後に細菌数はどれくらいになるのでしょうか。計算してみてください。答えは1000万/mℓ以上です。生乳であれば出荷できないレベルです。これは極端な例かもしれません。しかし、初乳の取り扱い次第では、子牛に大量の細菌を飲ませていることになるのです。

初乳を搾った後、すぐに低温殺菌しなかったり、冷凍保存しない場合、初乳がそのまま室温で数時間放置されているケースが農場ではときどき見られます。そこで紹介したいのは、初乳の保存状態が細菌数などにどのような影響を与えるのかを調べたアイルランドの研究です（Cummins et al., 2016）。初乳を4℃・13℃・20℃で放置した場合、細菌数がどれだけ増えるのかを調べたところ、4℃で保存した初乳の細菌数は約2日後に100万/mℓを超えましたが、13℃で放置した初乳は約12時間後に、20℃で放置した初乳は約6時間後に同じレベルの細菌数に達しました。さらに、20℃で放置した初乳の細菌数は、放置し始めてから12時間後に1000万/mℓに達しました。

20℃という気温は、人間にとっては快適な気温です。さらに13℃という気温は、人間にとっては少し肌寒く感じる気温かもしれません。モノが腐る・細菌が増えるという感覚にはならない温度です。しかし、4℃（冷蔵庫の温度）と比較して、細菌数が時間の経過とともに大幅に増えたことは注目に値します。

ここで紹介した研究データは、初乳の保存に注意を払うべきことを示しています。細菌数は簡単に増えます。冷凍保存しない場合でも、すぐに給与しない初乳は冷蔵庫で保存し、細菌数が増えるのを防ぐ必要があります。

それでは、細菌数が多い初乳を飲ませると、どのような問題があるのでしょうか。改めて述べるまでもなく、下痢のリスクは大幅に高まりますが、問題はそれだけではありません。細菌数の高い初乳はIgGの吸収も妨げます。

子牛は生まれてから24時間、タンパク質であるIgGを消化することなく、IgGのままで吸収できます。新生子牛の腸壁は、いわば「門が開いた城」のような状態だと説明しました。籠城している城に、援軍がIgGという武器を送ってくれる状況を想像してみてください。武器を城内に入れるためには、一時的に開門しなければなりません。しかし、開門すれば、城を取り囲んでいる敵兵も入ってきやすくなります。生まれたばかりの子牛の腸壁も同様です。IgGが入れるのであれば、細菌も侵入できます。IgGが先に吸収されれば細菌は入って来られませんが、細菌が先に入ってしまうとIgGは吸収されなくなります。早い者勝ちです。もし、初乳に大量の細菌が入っていれば、IgGは競争に負けてしまいます。

さらに、初乳に含まれる細菌は、消化管の中でIgGと結合することにより、IgGが吸収されないようにしてしまいます。細菌数が高い初乳は、さまざまな形でIgGの吸収を妨げるのです。しかし、細菌はどこにでもいます。ゼロにすることは絶対にできません。われわれにできることは、細菌が増えないようにするか、殺菌して細菌数を減らすことです。このような背景から、初乳を搾乳後に加熱処理することが勧められています。60℃で60分間という低温での加熱なので、「パスチャライズ」（低温殺菌）とも言われていますが、とくに大腸菌群の数を大きく減らすことができます。加熱処理すれば、初乳に含まれるインシュリンやIGFといった一部のホルモンの濃度は10～20%程度低下するようですが、IgG濃度の減少幅はわずかです。全体的に考えると、加熱処理することにより、細菌数を大幅に減らすことのメリットのほうが大きいと言えます。

ここでペンシルベニア大学の研究データを紹介したいと思います。この試験では、初乳の1/3は20℃で24時間放置した後に－20℃で冷凍保存、1/3はすぐに－20℃で冷凍保存、1/3は低温殺菌（60℃で30分）した後に－20℃で冷凍保存しました。このような方法で、細菌数が多い初乳、細菌数が少ない初乳、低温殺菌して細菌数を減らした初乳の三つを用意しました。試験データを**表2-3-6**に示しましたが、細菌数に大きな差があることがわかります。初乳のIgG濃度は低温殺菌したことにより少し減っていますが、これは有意な差ではありませんでした。子牛の反応ですが、低温殺菌していない細菌数の多い初乳を給与しても、IgGをまったく吸収できなくなるわけではありません。ある程度、血清IgG濃度は高くなっています。しかし、低温殺菌することにより、IgGの吸収効率を高め、血清IgG濃度も高められることが理解できます。

低温殺菌には、もう一つのメリットがあります。初乳中のオリゴ糖濃度が増えることです。乳牛の初乳に含まれるオリゴ糖は、ヒトの初乳・母乳よりも少ないとされています。その理由の一つは、乳汁中の脂肪やタンパクにオリゴ糖が引っ付いているからですが、低温殺菌（加熱）により、それらのオリゴ糖が分離し自由になります。オリゴ糖のタイプにより異なるものの、低温殺菌によ

表 2-3-6 初乳の低温殺菌の効果（Elizondo-Salazar & Heinrichs, 2009）

	低温殺菌していない細菌数が多い初乳	低温殺菌していない細菌数が少ない初乳	低温殺菌した初乳
IgG、g/ℓ	69.6	69.6	66.2
合計細菌数、/mℓ	407,380[a]	9,333[b]	646[c]
環境性レンサ球菌、/mℓ	389,045[a]	72[b]	8[c]
大腸菌群、/mℓ	1,445[a]	105[b]	1[c]
血清 IgG、g/ℓ			
初乳給与前	0	0	0
初乳給与 24 時間後	20.1[b]	20.2[b]	26.7[a]
初乳給与 48 時間後	18.4[b]	19.1[b]	24.9[a]
IgG 吸収効率、%			
24 時間	32.4[b]	35.4[b]	43.9[a]
48 時間	29.5[b]	33.2[b]	41.0[a]

[abc] 上付き文字が異なれば有意差あり（P<0.05）

りオリゴ糖濃度が 1.5 ～ 3.6 倍になると報告している研究もあります。初乳中のオリゴ糖を増やすことによる具体的なメリットに関しては研究が必要とされていますが、腸内の細菌叢にプラスの影響を与えると考えられます。

▶アルバータ大学の研究農場での初乳給与方法

アルバータ大学の研究農場では、下記の方法で初乳を給与しています。

1）生まれて 2 時間以内に 2ℓ の代用初乳を飲ませる。
2）その後、低温殺菌した初乳を 12 時間ごとに 3 回飲ませる。

生まれてすぐの給与で代用初乳を使うのは、夜中に生まれても、忙しい時間に生まれても、手際良く、衛生的に初乳を飲ませる準備ができるからです。2ℓ

だけ飲ませるのは、ほとんどすべての子牛がムリなく飲める量だからです。IgG濃度がわかっている代用初乳を使うので、子牛が必要としているIgGを確実に供給できます。基本的に、胃チューブは使いません。生理的な理由からではなく、経験不足のスタッフでも同じ仕事ができるようにするためです。子牛が生まれてくるのは、24時間どの時間でも起こり得ます。突然の仕事に対応するには、その仕事を簡略化すればストレスは減らせますし、スタッフの技術力の違いによる対応のバラつきも最低限に抑えることができます。

代用初乳を飲ませた後、低温殺菌した初乳を12時間ごとに3回飲ませるのは、IgG以外の面で、初乳に力を発揮してもらいたいからです。「腸内環境を整える力」という側面を考慮すると、本物の初乳の出番です。すでに述べたように、初乳にはインシュリンやIGFというホルモン、さらにオリゴ糖がそのままの形で含まれており、腸内環境を整え、消化器官の「初期設定」を行なうのに必要不可欠です。通常乳と比べて栄養濃度も濃く、効率良くエネルギーを摂取させることもできます。

アルバータ大学の研究農場では、IgGをなるべく早く、十分に、そして簡単に供給するために、生まれた直後こそ代用初乳を使います。しかし、その後で初乳を3回飲ませることにより、免疫移行以外の面で子牛が必要としているものも供給するという方法をとっています。

初乳の給与方法を一言でまとめると「はやい、おおい、きれい」です。誕生後なるべく早く、150～200gのIgGを摂取できるようにすべきです。飲ませる初乳は、細菌数が少ないものであるべきです。どのタイミングで、どういう初乳をどれだけ飲ませるかの具体的な詳細は、それぞれの農場で違いがあるかもしれません。ここで紹介したアルバータ大学の研究農場の方法が絶対的に正しい、と言うつもりはありません。しかし、それぞれの農場での初乳給与のSOP（標準作業手順）を作る際には、本章で説明した基本を踏まえたアプローチを検討していただければと思います。

第4章　移行乳を理解しよう

「初乳」は分娩後最初に搾る乳のことですが、「移行乳」というのは分娩後2～3日の間に搾られる、出荷できる状態にはなっていない乳です。「出荷できない」ということで廃棄乳と同じ扱いをしている農場もありますし、代用乳やほかの廃棄乳と混ぜて、哺乳中の子牛に飲ませているケースも多いかもしれません。しかし、それは非常にもったいない話です。

▶移行乳の成分

移行乳には、初乳ほどのIgGは含まれていません。しかし、通常乳には見られない"バイオ・アクティブ"なホルモンや栄養素が、移行乳には豊富に含まれています。さまざまな栄養素の濃度が通常乳より高いのも移行乳の特徴です。今、移行乳の給与効果の研究は、子牛の栄養管理のホット・トピックの一つであり、移行乳に対する常識や考え方が、これから大きく変わる可能性があります。

新生子牛に初乳を給与する一番大きな目的は免疫抗体の移行ですが、前章で詳述したように、初乳にはIgG以外にも子牛にとって必要不可欠なモノが数多く含まれています。例えば、初乳には消化器官の発達を促進するインシュリンやIGF-1というホルモンが多く含まれています。初乳を給与することにより、小腸の繊毛が長くなったと報告している研究もあります。小腸の繊毛が長くなれば、消化・吸収機能も高まることが期待できるため、これは初乳を給与する別のメリットと言えます。免疫抗体の移行だけを考えると初乳だけが重要になるのかもしれません。しかし、これら消化器官の発達に寄与する、インシュリンやIGF-1などのホルモンは移行乳にも多く含まれています。初乳と移行乳、そして通常乳の成分の違いを**表2-4-1**に示しました。移行乳の成分は初乳と通常乳の中間であることが理解できるかと思います。

移行乳にはラクトフェリンという感染防御機能を持った特別なタンパク質が含まれており、健康な消化管の維持に重要な働きをします。さらに、移行乳にはオリゴ糖も多く含まれています。オリゴ糖には、病原体の小腸壁への付着を妨げることで感染を減らし、腸内の善玉菌の増殖を促す重要な働きがあると第2章で述べました。オリゴ糖にはいくつかの種類がありますが、ジシアルラクトース、3'シアリルラクトース、6'シアリルラクトース、6'シアリルラクトサミンは代表的なオリゴ糖です。

アルバータ州の一般農場で分娩した20頭の牛からサンプルを採って分析したところ、分娩してから3日以内の移行乳には、通常乳より多くのオリゴ糖が含まれていることがわかりました。

初乳をきちんと飲ませ、ワクチン接種などの管理を徹底している農場でも、下痢などの消化器系の疾病を完全になくすことは困難です。アメリカの大規模な調査では、子牛の17.2%は何らかの消化器系の問題を経験し、消化器系の疾病は子牛の疾病全体の約50%に相当するというデータもあります。

表2-4-1　初乳・移行乳・通常乳の成分（Blum and Hammon, 2000）

	初乳	移行乳				通常乳
	1	2	3	4	5/6	
脂肪、%	6.4	5.6	4.6	5.0	5.0	3.9
タンパク、%	13.3	8.5	6.2	5.4	4.8	3.2
IgG、g/ℓ	81	58	17	12	ND	＜2
インシュリン、μg/ℓ	65	35	16	8	7	1
IGF-1、μg/ℓ	310	195	105	62	49	＜2

通常乳：分娩後14日以降の乳　ND：分析されず

誕生して最初の数日間は、子牛の腸内細菌叢を確立させ、下痢を予防するうえで重要な期間です。小腸壁への病原体の付着を妨げたり、腸内の善玉菌の増殖を促す働きを持つオリゴ糖を多く含む移行乳は特別な乳であり、移行乳を新生子牛に給与するマネージメント体制を作ることは非常に大切です。

余談になりますが、濃度こそ非常に低いものの、通常乳にも、ある程度のオリゴ糖が含まれています。チーズを作るときに、このオリゴ糖を含む成分は廃棄されていますが、オリゴ糖を抽出することは技術的には可能なようです。もしオリゴ糖の抽出が商業ベースで可能になれば、サプリメントとしてオリゴ糖を初乳や代用乳に添加し、子牛の健康を増進することも一般的になるかもしれません。

▶移行乳の給与効果

子牛に移行乳を給与する効果を調べた研究を、いくつか紹介したいと思います。

ミシガン州立大学で行なわれた研究では、105頭の子牛の誕生後1日目に代用初乳を2回給与した後、次の三つの処理区で試験を行ないました（1区35頭）。

1）代用乳（固形分14%）の給与
2）移行乳（固形分14%、72℃で15秒間殺菌）の給与
3）代用乳＋代用初乳（1：1で混合、固形分15%）

試験期間は生後2～4日目の3日間で、1回当たりの給与量は1.9ℓ、1日3回給与です。生後5日目以降は同じ飼養環境で管理し、56日で離乳しました。試験結果を**表2-4-2**に示しましたが、「移行乳」あるいは「代用乳＋代用初乳」の給与は、離乳前の増体速度を大きく高めました。試験期間は、たった3日間です。その僅か3日間の移行乳（あるいは代用乳＋代用初乳）の給与が、その後の約2カ月の成長に大きな影響を与えたことは注目に値します。

表2-4-2 移行乳の給与が子牛の発育に与える影響 (Van Soest et al., 2020)*

	代用乳	移行乳	代用乳＋代用初乳
血清ハプトグロビン、μg/mℓ	7.5	4.6	3.6
離乳前の増体、kg/日	0.562	0.616	0.620
離乳時の体重、kg	68.1	71.8	73.0

*代用乳 vs. 移行乳・代用乳＋代用初乳の比較は有意差あり、移行乳 vs. 代用乳＋代用初乳の比較は有意差なし

表2-4-3 移行乳の給与が小腸の発達に与えた効果 (Van Soest et al., 2022)*

	代用乳	移行乳
絨毛の長さ、mm		
十二指腸	0.50	0.82
空腸上部	0.61	1.12
空腸中央部	0.57	1.00
回腸	0.54	0.81
絨毛の幅、mm		
十二指腸	0.10	0.14
空腸上部	0.09	0.15
空腸中央部	0.09	0.15
回腸	0.11	0.15
陰窩の深さ、mm		
十二指腸	0.34	0.34
空腸上部	0.36	0.35
空腸中央部	0.33	0.32
回腸	0.31	0.31
粘膜の厚さ、mm		
十二指腸	0.85	1.16
空腸上部	0.96	1.52
空腸中央部	0.90	1.32
回腸	0.84	1.12

*陰窩の深さ以外、すべて有意差あり

子牛の成長にプラスの効果があったのはなぜか、この研究グループは二つ目の試験を行ないました。二つ目の試験では、23頭の新生子牛に2.8ℓの初乳を飲ませた後、移行乳（乾物ベースでCP 30%、脂肪30%、IgG 20g/ℓ）を飲ませるグループと、代用乳（CP 27%、脂肪21%）を飲ませるグループに分けました。1回当たりの給与量は、移行乳が1.89ℓ（乾物255g）で、代用乳が乾物275gです。給与回数はいずれも1日3回で、試験期間は4日間でした。生後5日目に子牛を安楽死させた後、小腸のサンプルを採りました。代用乳を給与された子牛と比較したデータを**表2-4-3**に示しましたが、移行乳を給与された子牛は、十二指腸・空腸・回腸など、小腸のすべての部位で、絨毛の長さと幅、粘膜の厚みが増えました。

移行乳の給与が子牛の増体速度を高めるという研究データは数多くあります。移行乳の給与が消化器官の吸収能力を高めることが、その理由の一つであることが、この研究から理解できます。新生子牛には、初乳を給与した後も数日間は移行乳を給与し続けることにより、消化器官を発達させることができるのです。

▶まとめ

移行乳は、分娩後2回目から6回目の搾乳で得られる乳と定義できます。移行乳の栄養濃度やIgG濃度は、初乳ほどではないものの、通常乳より高く濃いという特徴があります。脂肪やタンパク濃度が高いだけでなく、オリゴ糖やさまざまなホルモン、生理機能がまだ十分に理解されていない未特定の成分も多く含まれています。

移行乳の給与により、子牛の腸内環境を整えて消化器系の疾病を予防し、子牛の健康を向上させることが可能になります。さらに、消化器官を発達させ、誕生直後の消化能力の向上や増体速度を高めるうえでも、移行乳は大きな働きをします。

移行乳は、決して出荷できない「廃棄乳」として扱うものではなく、子牛の消化器官の発達と健康のために大きな働きをする、特別な乳です。われわれは初乳に対して、通常乳とは異なるもの、子牛の免疫力を高めるうえで必要不可欠なものという認識を持っています。それと同じような位置づけで、移行乳に関しても「通常乳とは異なり、新生子牛に2～3日間は与えるべき特別な乳だ」という認識に変えていかなければなりません。移行乳の給与は、子牛の栄養管理の一部として組み込むべき、新しい技術・新常識として注目されています。

第3部

ここはハズせない
哺乳中の栄養管理の基礎知識

第１章　哺乳子牛を理解しよう

動物は、「野生の動物」「家畜」「愛玩動物（ペット）」という三つのタイプに分けることができます。理想の飼養管理を考えるうえで、動物の位置づけを確認することは大切です。ペットは、英語では「コンパニオン・アニマル」と呼びます。直訳すると「伴侶動物」です。動物という位置づけではなく、「家族」「親友」のカテゴリーに入れるべき存在です。それに対して、この本の読者の皆さんは、家畜としての子牛の飼養管理に携わっておられると思います。子牛は可愛くて癒される存在かもしれませんが、「伴侶動物」として子牛に接しておられる方はいらっしゃらないと思います。家畜というのは、言い換えると産業動物・経済動物であり、家畜としての子牛の栄養管理は経済活動です。野生のウシの常識は通用しませんし、伴侶動物としての管理とも異なるはずです。

本章のテーマは「哺乳子牛を理解しよう」ですが、動物としての子牛の生理を理解するだけではなく、産業動物として、さまざまな制約のある子牛の立場を理解することも必要不可欠です。自然の環境下であれば、どれだけの乳をいつ飲むかを決めるのは子牛です。しかし、乳用子牛の場合、どんな乳を、いつ、どれだけ飲むのかを決めるのは人間です。自然環境で子牛が何を望んでいるのかを考えることは、子牛の栄養管理を考える出発点になるかもしれませんが、家畜としての子牛の栄養管理の正解とは異なる場合が多々あります。子牛の栄養管理は経済活動（ビジネス）であり、最終的な栄養管理のアプローチを決めるのは各農場の経営判断だからです。

▶授乳期間

ウシもヒトも哺乳類です。哺乳類の動物がミルクを飲む期間には大きなバラつきがあります。アザラシやイルカなどの海洋哺乳類の授乳期間は1週間以下ですが、チンパンジーは5年以上の授乳期間があります。動物としてのウシの授乳期間は6～8カ月ですが、家畜としての子牛の場合、さまざまな要因を考慮に入れなければなりません。子牛の消化能力、栄養素の吸収能力、ミルクのコスト、固形飼料のコスト、農場での労働力などを考慮して、哺乳期間が決まります。

乳用子牛の場合、生後約2カ月で離乳させるケースが一般的です。経済性だけを考えた場合、もっと早く離乳させたほうがコストは下がるかもしれません。しかし、子牛が粗飼料や穀類を消化する能力がつき始めるのは生後3～4週間してからです。個体差があるものの、離乳できる状態になるには最低6週間は必要です。その反対に、生後3カ月以上してから子牛を離乳させる酪農家さんもいらっしゃるかもしれません。子牛にとって負担は少なくなると思います。しかし、ミルクは農場で給与するエサのなかで最も高価な飼料です。経済的な負担は増すはずです。

人間の授乳期間は1年から1年半ですが、動物としてのヒトは少なくとも2～3年、あるいはそれ以上の期間にわたり授乳できる力を持っています。バイブルには、アブラハムの息子イサクが乳離れをしたのは5歳のときだったという記述があります。日本でも、江戸時代の育児書には「5歳になったら乳を飲ませるな」という記述があるようです。粉ミルクなどがない時代です。逆に考えると、4～5歳になるまで母乳を飲ませている人が大勢いたのかもしれません。類人猿の場合、ゴリラの授乳期間は3～4年、チンパンジーの授乳期間は5～7年とされています。ヒトの産乳能力が同じくらいあっても不思議ではありません。現代社会で人間の授乳期間が短くなったのは、ヒトとしての生理機能の問題ではなく、長期間の授乳が難しいという社会的な要因が関係しているのかもしれません。

同様に、野生動物としてのウシの授乳期間と、家畜としての乳用子牛の理想の哺乳期間が異なっているのは不思議なことではありません。子牛の健康と増体だけを考えれば、ミルクを好きなだけ飲ませればよいのです。しかし、それではミルク以外のものから栄養を摂取する力を身につけられません。反芻動物として、自然な形で草から栄養を摂取できるようになるには6～8カ月の期間を要するからです。哺乳期間を短縮するためには、ミルク以外のものを消化する力をなるべく早く身につけるにはどうするべきかを考える必要があります。消化力が十分に備わっていないのにムリヤリ離乳すれば、子牛は栄養失調になります。病気になるリスクも高くなるでしょう。子牛の哺乳期間を考える場合、そして適切な離乳時期を考える場合、子牛の健康を維持して、増体を促進しつつ、なるべく早くミルク以外のものから栄養を摂取できる力も身につけてもらうという、相矛盾する課題に取り組まなければなりません。

▶ルーメンの発達

この相矛盾する課題に取り組むために生まれたのが「スターター」です。反芻動物であるウシの場合、必要としているエネルギーを草から摂取できるようになり、自然な形で離乳させるためには6～8カ月という期間が必要です。そのため、離乳時期を早めようと思えば、さまざまな工夫が必要です。ミルクでもない、牧草でもない、穀類の力に頼ることが求められます。スターターに入っている穀類は、自然環境下のウシが食べるものではありません。しかし、ルーメンを急いで発達させるのには必要不可欠なのです。

アルバータ大学で子牛の栄養管理に関して、下記の試験問題をよく出題します。
哺乳中の子牛のルーメン機能を高める飼料原料は何か？

A 全乳

B 代用乳

C 乾草

D 穀類

一番多い誤解答は「全乳」ですが、これは「哺乳中の子牛」という問題文中の語句に意味があるのだろうと考える学生がいるからです。さらに、「全乳」と「代用乳」、二つのタイプのミルクが選択肢にあるので、どちらかが正解なのだろうと考えて「全乳」を選ぶ学生もいます。これは、問題文だけを見て深読みしようとする学生をヒッカケるための問題です。次に多い間違いは「乾草」です。ルーメンや反芻動物について中途半端な知識がある学生は、ルーメンを発達させるのは粗飼料である乾草だろうと推測するわけです。しかし、これも不正解です。正解は「穀類」です。なぜ、乾草ではなく、穀類がルーメン機能を高めるのでしょうか。

そもそも、ルーメンの機能とは何でしょうか。あえて極論を述べると、消化する能力ではありません。消化するのはルーメンの仕事ではなく、ルーメンに棲んでいる微生物の仕事だからです。ルーメンの一番重要な機能は、ルーメン内の微生物が作った「発酵酸を吸収すること」です。発酵酸というのは、宿主であるウシにとってエネルギー源です。しかし、ルーメン微生物にとっては「排泄物」です。発酵酸の濃度が高くなり過ぎたり、pHが低くなれば、微生物は死んでしまいます。ルーメン壁が発酵酸を吸収することで、ルーメン微生物にとっての最適な「住環境」が維持されるのです。これがルーメンの機能です。いわば、ルーメン微生物が活躍できるようにインフラを整えることです。発酵酸を吸収するという機能が不十分であれば、ルーメン発酵に頼った栄養管理は不可能です。それでは、発酵酸を吸収する力はどのようにすれば身につくのでしょうか。

それは、ルーメンに（もっと正確に言うと、ルーメン壁の表皮細胞に）エネルギーを供給することです。生まれたばかりの子牛のルーメン壁はツルツルで、ビニール製の床のような状態です。発酵酸を吸収する力はありません。しかし、そこにエネルギーを供給すると、ルーメン壁が発達して絨毛ができます。いわゆる「パピラ」と呼ばれている指状の突起物がたくさんできます。ルーメン壁が「ビニール製の床」から「フカフカの絨毯」のような状態に変化します。パピラが発達することによりルーメン壁の表面積も格段に増え、発酵酸を吸収する力が備わるのです。

ルーメン壁にエネルギーを供給する一番手っ取り早い方法は、穀類を給与することです。穀類は発酵しやすいため、ルーメン壁のエネルギー源となる発酵酸の生成量が格段に増えるからです。「反芻動物のルーメンを成長させるために穀類を給与する」というのは、いわば裏ワザですが、非常に効果的です。

それに対して、センイ含量の高い乾草を給与しても発酵が遅いため、発酵酸の生成量は限られています。パピラも伸びませんし、発酵酸の吸収力も高まりません。ルーメン機能を高めるのに時間がかかります。

自然環境下のウシであれば、ルーメン機能を高めるのに時間をかけることは問題ではありません。半年以上の授乳期間があるので、急いでルーメンを作る必要がないからです。しかし、子牛の育成コストに費やせるお金に限界がある、乳用子牛は違います。できるだけ早くルーメン機能を発達させる必要があります。ルーメン機能が高まれば、エネルギー源としてミルクに頼る必要がなくなるため、早期に離乳させることができます。子牛に負担をかけることなく哺乳期間を短縮するためには、ルーメン機能を高めるスターターの給与が必要不可欠となります。ある意味、スターターは人間の赤ちゃんが食べる「離乳食」のようなものかもしれません。毎日のスターター摂取が一定量に達していれば、子牛のルーメンがきちんと機能している証拠です。子牛にムリを強いることなく、問題なく離乳させられるはずです。

▶子牛の消化能力

昔、子牛に砂糖水を飲ませる酪農家さんがいると聞いたことがあります。「消化の良い、嗜好性の高いモノを与えたい」という気持ちから飲ませているのかもしれませんが、子牛にとって実際のところ、どうなのでしょうか。

炭水化物には、デンプン、デキストリン、麦芽糖、乳糖、蔗糖など、さまざまな種類があります。デンプンとは、ブドウ糖が数百個から数千個つながってできたものであり、デキストリンはブドウ糖が数10個程度つながったものです。麦芽糖は、デンプンやデキストリンがアミラーゼによって消化される過程でできるものであり、ブドウ糖が二つ結合したものです。それに対して、乳糖は、ブドウ糖とガラクトースからできており、蔗糖は、ブドウ糖と果糖からできたもので砂糖の主成分です（**図3-1-1**）。

動物は、これらの炭水化物をそのまま体内に吸収することができません。例えば、デンプンであれば、まずアミラーゼによって麦芽糖にします。アミラーゼはデンプンを切る“ハサミ”のようなものです。しかし、大きな“ハサミ”なので、ブドウ糖が一つずつになるまで分解するという細かい仕事ができませ

図3-1-1 炭水化物のタイプ

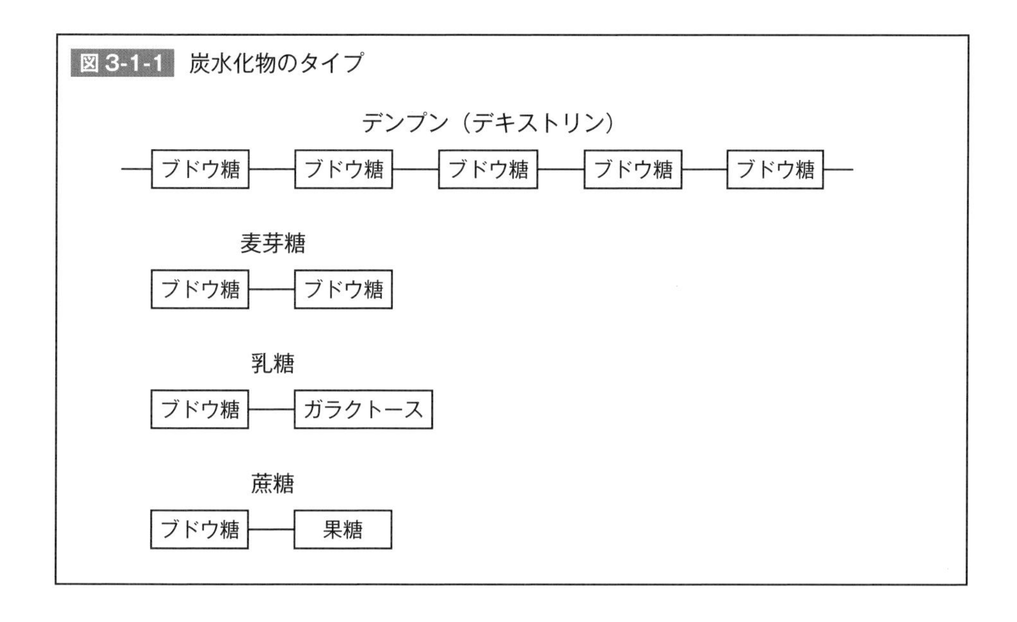

第3部 ここはハズせない哺乳中の栄養管理の基礎知識

ん。ブドウ糖が二つ結合した麦芽糖まで分解した後は、小腸の粘膜についている別の“ハサミ”（マルターゼ）により、ブドウ糖を一つずつに切り離します。そして、ブドウ糖の形で体内に吸収します。

乳糖も同じです。乳糖のままでは大き過ぎて小腸壁から吸収することができません。そこで、小腸の粘膜についている乳糖を切る“ハサミ”（ラクターゼ）により、ブドウ糖とガラクトースにします。そして、ブドウ糖とガラクトースを体内に吸収します。蔗糖の場合も、蔗糖を切る“ハサミ”（スークラーゼ）により、ブドウ糖と果糖にしてから体内に吸収します。

このような消化プロセスを考えると、炭水化物を分解する“ハサミ”（消化酵素）の働きが炭水化物の消化・吸収には必要不可欠であることが理解できます。子牛に限らず、動物が炭水化物をどれだけ消化・吸収できるかは、消化酵素を持っているかどうかにより決まるのです。

ミルクを飲むと下痢をする人がいます。それはミルクに乳糖が含まれているからです。赤ちゃんの小腸の粘膜には乳糖を分解する消化酵素（ラクターゼ）があり、ミルクに含まれる乳糖をきちんと消化・吸収できます。しかし、離乳に伴い（成長するにつれ）、日本人の一部は乳糖を消化するための酵素を失います。乳糖が消化されずに消化管の中にとどまると、体内の浸透圧と消化管内の浸透圧を同じに保とうとする機能が働き、消化管内に水が入ってきます。そのため消化不良による軟便・下痢になってしまうのです。

これは、乳糖不耐症として知られる現象ですが、日本人だけではなく多くのアジア人に見られます。これまでの数千年、農耕民族の食生活では、大人になってから乳糖を含む牛乳やチーズなどの乳製品を摂取する食習慣がなかったため、大人になると乳糖の消化酵素を失ってしまうのです。牧畜に依存する食生活を確立してきた西洋人は、大人になっても乳糖を分解する消化酵素がなくなりません。そのため、牛乳をたくさん飲んでも下痢をすることはありません。ちなみにモンゴル人はアジア人ですが、遊牧民であり牧畜による食生活をずっと維持してきたため、西洋人と同様、大人になっても乳糖を消化する酵素を十分に持っているそうです。

乳糖を分解する消化酵素を持っていないという理由から、日本人の大人の場合、ミルクを飲むと消化不良の下痢になる人がいますが、これはミルクの品質の問題ではなく、消化酵素の有無の問題です。ミルクは哺乳動物の赤ちゃんが飲むものであり、どの哺乳動物でも離乳するまでは、乳糖を消化する酵素をたくさん持っています。消化酵素の限界を超えるような大量のミルクを飲ませないかぎり、子牛はミルクそして乳糖を十分に消化する力を持っています。

しかし、子牛はほかの炭水化物を消化する酵素を持っているのでしょうか。その点を調べた研究データを紹介したいと思います。

この試験では、子牛の第四胃に乳糖、蔗糖、麦芽糖（すべて二糖）を注入し、その後に血糖値がどのように変化するかを調べました（**図 3-1-2**）。第四胃に直接注入することにより、ルーメン微生物による発酵に頼らずに、子牛そのものが炭水化物を消化する力をどの程度持っているかを調べたわけです。そして同じ試験を、22 日齢（哺乳中）・50 日齢（離乳移行期）・136 日齢（離乳後）・227 日齢・600 日齢と合計 5 回繰り返し、炭水化物を消化する力が成長とともにどのように変化するかを見たわけです。

図 3-1-2 第四胃への二糖注入後の血糖値の変化（Huber et al., 1961）

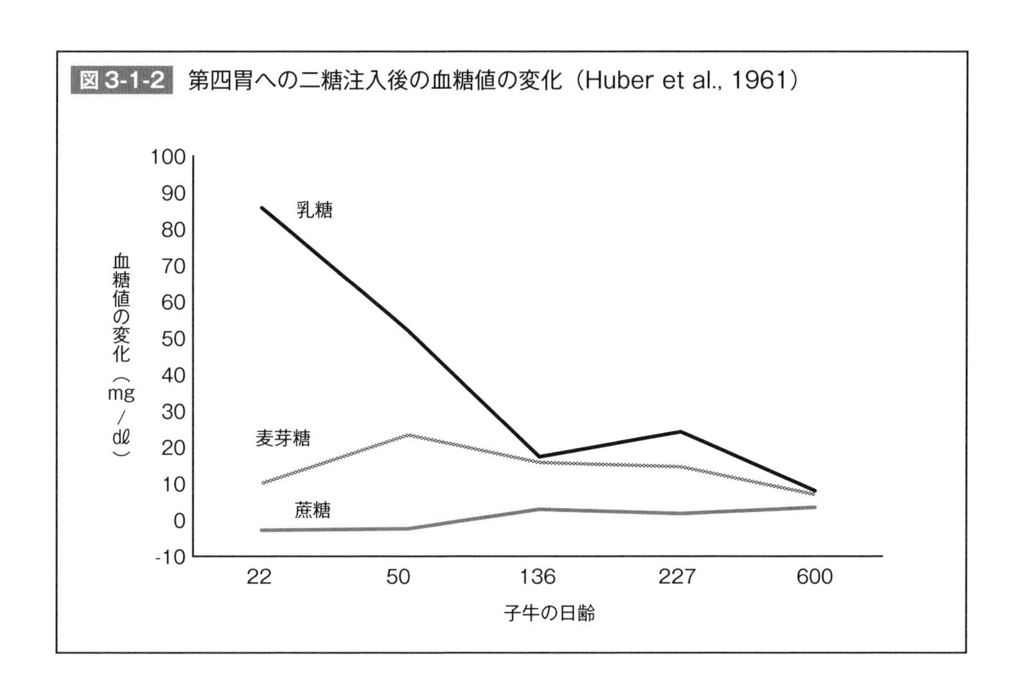

22日齢の子牛の場合、乳糖を注入した後に血糖値は大きく上昇しました。これは、乳糖を消化･吸収する能力が非常に高いことを示唆しています。しかし、成長とともに、この乳糖を消化・吸収する能力は大きく減少しています。これはある意味、自然なことと言えるかもしれません。離乳後、子牛は炭水化物をルーメンで発酵させ、その結果として生成される発酵酸を吸収してエネルギー源として利用する消化メカニズムを獲得し、小腸で乳糖を消化する必要がなくなるからです。

麦芽糖（デンプンの消化過程でできる二糖）の場合、子牛はある程度の消化能力をずっと維持していることがわかります。そのため、ルーメンで発酵しなかったデンプンが小腸に入ってきても、牛はある程度消化することができます。しかし、蔗糖はどうでしょうか。日齢にかかわらず、蔗糖を注入しても血糖値に変化はありません。これは蔗糖が消化・吸収されず、そのまま消化管の中にとどまっていることを示しています。言い換えると、この事実は、子牛は蔗糖を分解する消化酵素を持っていない（あるいは消化酵素が非常に少ない）ことを示唆しています。

ルーメンが発達した子牛であれば、固形飼料として砂糖を摂取すればルーメンで発酵させて、エネルギー源として発酵酸を吸収することができるかもしれません。しかし、離乳前の子牛にとって、砂糖は小腸では消化できないものです。十分に消化できないものを与えれば、下痢のリスクが高まります。下痢になれば、体内の水分や電解質も一緒に失ってしまいます。このように考えると、代用乳に混ぜる砂糖は、離乳前の子牛にとって「毒」であるとも言えます。

代用乳に砂糖水を混ぜて飲まそうとする酪農家さんは、「人間」の感覚で消化されやすいもの、嗜好性の高いものを与えようとしているのかもしれません。しかし、それは離乳前の子牛への対応としては大きな誤りです。離乳前の子牛にとって「乳糖」が最も重要な炭水化物であり、デンプン、デキストリン、砂糖など、ほかの炭水化物で代用が利くものではありません。子牛の小腸では、乳糖以外の炭水化物、とりわけ蔗糖を消化する力は非常に限られていることを理解しておく必要があります。

この章では詳しく説明しませんでしたが、哺乳子牛のタンパク質消化能力も週齢とともに変化します。子牛が生まれた後の最初の3～4週間は、ミルク由来のタンパク質に頼るべき時期です。植物性のタンパク質は消化率が低く、アミノ酸の組成も乳タンパクほどバランスの良いものではないからです。哺乳中の子牛では、摂取するタンパク質の95％が代謝タンパク（小腸で吸収されるタンパク質）になるとされていますが、その前提は、消化性の高いミルク由来のタンパク質を給与していることです。哺乳後期（4～5週齢以降）になれば、植物性のタンパク質を消化する力がだんだん備わってくるため、ある程度フレキシブルな対応が可能になるかもしれませんが、哺乳中の子牛の場合、その消化能力に限界があることを考慮に入れた栄養管理を実践する必要があります。

▶まとめ

自然環境下でのウシには6～8カ月の哺乳期間がありますが、家畜である乳用子牛の哺乳期間は約2カ月です。哺乳期間を短縮しても、弊害なく子牛を育てていくためには、子牛の消化生理を十分に理解する必要があります。子牛の消化能力は哺乳期間中を通じて、劇的に変化します。哺乳中の子牛にはミルクとスターターを給与しますが、栄養管理を成功させるためには、日齢に応じて変化していく子牛の消化能力を考慮することが必要です。

次章以降、それぞれのポイントを詳しく考えていきましょう。

第２章　ミルク給与を理解しよう

哺乳子牛の栄養管理に関しては、酪農家の間で大きなバラつきがあります。1日2回、1回当たり2ℓのミルク給与（4ℓ/日）で十分だと考えている人は多くいます。自然環境下の子牛が1日10ℓ以上のミルクを飲むことを考えると、4ℓ/日という哺乳量は少ないと思います。しかし「ルーメンを発達させるためには、ミルクで満腹にさせてはいけない」「少しハングリーな状態にしたほうがスターターへの食欲が増して良い」という考えから、ミルクの制限給与を推奨している人もいます。乳用子牛にどれだけのミルクを給与しているかを調べた調査では、アメリカの酪農家の約50%が1日当たり4～5ℓのミルクを給与しており、中央値は5.5ℓ/日でした。その一方で、ミルクを1日10ℓ以上給与する栄養管理を実践している酪農家もいます。どれくらいの給与量が理想的なのでしょうか。

▶高栄養哺乳のメリット・デメリット

哺乳量を高めることにはメリットとデメリットの両方があります。

メリットとしてあげられるのは次の点です。

✓子牛の健康・免疫力の向上。
✓増体速度を高める。
✓初産分娩月齢を早める。
✓乳腺の発達を促進する。
✓初産次の乳量を高める。
✓動物福祉の向上。

生後数カ月以内の子牛にとって、ミルクは最も自然な食べ物です。生後３～４週間の子牛はミルク以外の食べ物を消化する力が十分に備わっていません。エネルギーや必要とする栄養素を十分に摂取するためには、消化性に優れたミルクに頼る必要があります。子牛の健康や免疫力が向上したり、増体速度が高まるのは当然のことかもしれません。初期の成長が早まれば、初産分娩月齢が早まることも考えられます。

離乳前のエネルギー状態が良ければ乳腺の発達も促進されるため、成長した子牛の生産性、とくに初産次の泌乳量が高まるという報告もあります。コーネル大学の有名な論文（Soberon et al., 2012）は、「離乳前の増体速度が100g/日高まるごとに初産次の乳量は111kg高くなる」、さらに「離乳前の増体速度は初産次の乳量のバラつきの22%を決める」と報告しています。離乳前の増体速度を高める最も簡単な方法は、ミルクをたくさん飲ませることです。将来の生産性が高まるのであれば、これは大きなメリットです。

さらに、新たな視点として、動物福祉の向上というメリットも考えられます。動物福祉というのは「動物を家畜として扱いながらも、その動物のストレスを可能なかぎり取り除き、動物の命を尊重しよう」という考え方です。哺乳類の赤ちゃん（子牛）の哺乳量を制限する、言い換えると「飲みたいだけ飲ませない」というのは、ある意味「残酷」なアプローチです。子牛はストレスを感じるはずです。どんなに立派な理由（例：ルーメンの発達を促進）があっても、子牛にストレスを与えるような飼養管理はいかがなものか……というわけです。動物福祉の向上そのものは、直接、経済的なメリットに結びつかないかもしれません。しかし、子牛のストレスを最小限にできるというのは、哺乳量を高めることの大きなメリットと言えます。

それに対して、潜在的なデメリットとして考えられるのは下記の点です。

- ✓スターターの摂取量が低くなる。
- ✓ルーメンの発達が遅れる。

✓離乳が遅れる。
✓離乳移行期の成長停滞のリスク。
✓消化不良による下痢。
✓飼料コストが高くなる。

子牛の自然な姿であるとはいえ、ミルクを飲むだけで満腹になった子牛は、スターターの摂取量が低くなります。ルーメン機能を発達させる力を持つスターターを食べなければ、ルーメンの発達は遅れますし、離乳時期も遅くなります。ミルクをたくさん飲んだ子牛は、離乳移行期に哺乳量を急激に減らされると、成長が停滞してしまうリスクもあります。また、ミルクをたくさん飲ませれば、消化不良で下痢になる子牛が出てくるかもしれません。さらに、子牛の栄養管理を「経済活動」という視点から考えると、ミルクをたくさん飲ませるアプローチは飼料コストを高めるというデメリットもあります。ミルクは農場で使う飼料のなかで最も高価なモノだからです。

▶理想の哺乳量

このように「子牛にどれだけのミルクを飲ませるか」というのは、絶対に正しい答えのない問いです。人間の子どもの育て方に通じる部分もあるかもしれません。「しつけ」は各家庭で異なります。たとえ一時的に子どもにストレスを与えることになっても、厳しく子どもをしつけることが子どものためになると考える親もいる一方、なんでも子どもの好きにさせる親もいます。「しつけ」「スパルタ教育」「虐待」、これらは紙一重なのかもしれません。

しかし、ここで考えなければいけないのは、常識は時代とともに変化するという点です。一昔前、日本では「子どもに体罰を与える」ことは「しつけ」として社会的に受け入れられていました。しかし、今では「虐待」と見なされて訴えられることもあります。同じように、動物への接し方、家畜の扱い方に関する常識も、数十年前と今とでは大きく変化しています。子牛の哺乳量を制限するという栄養管理のアプローチも、これまではルーメンを発達させるための「しつけ」として広範に受け入れられていました。しかし、家畜福祉の視点からは「虐待」と考えることもできます。

「しつけ」と「虐待」の線引きをするときに、考えなければならないのは、子どもの年齢です。極端な例をあげると、生後すぐの赤ちゃんに、離乳食を食べさせようとして口にムリヤリ突っ込むのは明らかに「虐待」です。しかし、4～5歳の子どもが食べるお菓子の量に制限を設けるのは「しつけ」です。同じように、子牛の場合も、週齢に応じて対応を変えなければならないと私は考えています。

ここからは私の個人的な意見です。3～4週齢までの子牛は、ミルク以外のモノを消化する力が備わっていません。そういう子牛の哺乳量を厳しく制限するのは「虐待」だと思います。しかし、ある程度の個体差があるものの、3～4週齢を過ぎるあたりから、子牛には、ミルク以外のものを消化する力がつき始めます。この時期から哺乳量を制限し始めるのは、絶対に行なうべき「しつけ」だとは言い切れないものの、少なくとも「虐待」ではないと思います。各家庭（各酪農家）の考えに応じて、あるいは各農場の飼養環境に応じて、いろいろなアプローチがあってよいと思います。

ここで、アルバータ大学で行なわれた子牛の研究（Haisan et al., 2019）を簡単に紹介したいと思います。この試験では、55頭のメス子牛を使って、ミルクの給与量の違いが発育に与える影響を評価しました。高栄養哺乳のグループ（26頭）には、1日4回、1回当たり2.5ℓの殺菌全乳（合計10ℓ/日）が給与されました。それに対して、低栄養哺乳のグループ（29頭）は、1日2回、1回当たり2.5ℓの殺菌全乳（合計5ℓ/日）が給与されました。スターターはいずれのグループも飽食です。

増体速度のデータを**図 3-2-1** に示しました。最初の4週間、高栄養哺乳グループの増体速度が約2倍になっていることがわかります。低栄養哺乳グループの子牛は、スターターの摂取量が高くなりましたが、ミルクからの栄養不足

図 3-2-1　全乳を1日5ℓか10ℓ給与された子牛の増体速度（kg/日）

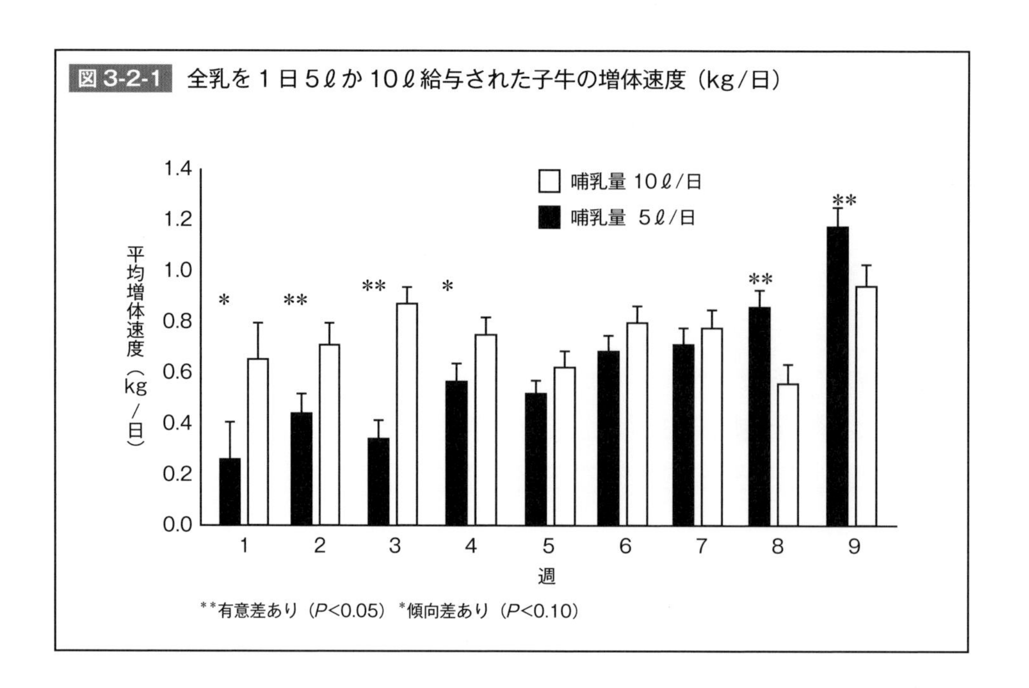

を補うことはできませんでした。しかし、哺乳後期（生後5～7週目）の子牛では、増体速度に違いは見られませんでした。低栄養哺乳グループの子牛は、スターターの摂取量を増やすことで、ミルクから十分に摂取できなかった栄養分を補うことができたのです。

この試験では、10日間かけて、ミルクの給与量を毎日10%ずつ減らして離乳させました。8週目のデータは、哺乳量を段階的に減らしているとき、離乳移行期の増体速度です。9週目のデータは、離乳後の増体データです。発育状態が逆転したことがわかります。ミルクを5ℓ/日しか給与されていなかった子牛の増体速度のほうが高くなったのです。これは、哺乳中のスターターの摂取量が高かったため、ルーメン機能が早く高まり、スターターからの栄養摂取がスムーズになったからだと考えられます。

このデータは、哺乳前期と哺乳後期で子牛の反応に大きな違いがあることを示しています。哺乳後期の子牛（生後5週目以降）には、ある程度ミルクの給与量が制限されても、なんとか頑張れる、たくましさがあります。固形飼料を消化できる機能が備わり始めているため、スターターの摂取量を増やし、高栄養哺乳グループと同じだけの増体速度を維持できるのです。もっとも、ミルクの給与量が少なければ、子牛は一定のストレスを感じるはずです。動物福祉の視点からは議論の余地が残るアプローチかもしれません。しかし、哺乳後期の子牛を対象に、哺乳量をある程度制限することは、少なくとも「虐待」ではないと思います。考え方しだいで、反芻動物として生きていくための「訓練」と見なせるかと思います。

しかし、哺乳前期（生後１～４週）の子牛は違います。ミルクからの十分な栄養摂取が絶対に必要です。ミルクを制限給与すれば、スターターの摂取量は少し増えるかもしれません。しかし、それは、ミルクから摂取できなかった栄養分を補うことができるレベルではありません。この時期の子牛は、ミルク以外の固形飼料を消化する力が備わっていないからです。そういう状態の子牛にミルクを制限給与するのは「虐待」です。生まれて間もない赤ちゃんを見て、「授乳量を減らせば、離乳食を食べるようになるはずだ」と考えないのと同じです。離乳食を消化する力のない赤ちゃんへの授乳量を減らせば、栄養不足になるだけです。離乳食を食べられる準備ができるまで、ミルクからの栄養供給を十分に行なうことが必要です。

「ミルクをたくさん飲ませれば、消化不良で下痢になる……」と心配する酪農家がおられるかもしれません。しかし、ここで考えたいのは、子牛の消化能力を高めるために、やるべきことをきちんと実践しているかという点です。第２部でも指摘したように、初乳や移行乳をきちんと飲ませているかどうかは、子牛の消化能力に大きな影響を与えます。もし、初乳や移行乳を十分に飲ませていないのに、いきなり高栄養哺乳を実践して大量のミルクを飲ませれば、消化不良から下痢になる子牛が出てきても不思議ではありません。この場合、高栄養哺乳は下痢のきっかけになっているかもしれませんが、根本の原因ではありません。

また、別の視点から考えてみたいのは、自然環境下での子牛の飲み方です。例えば、1日12ℓ飲むとしても、6回に分けて飲めば1回で飲む量は2ℓです。しかし、子牛に1日2回しかミルクを与えていないのであれば、1回当たりの哺乳量は6ℓになります。1日の哺乳量は12ℓで同じかもしれませんが、子牛の負担は大きく異なるはずです。私は、ミルクをたくさん飲ませることそのものが、即、下痢につながるとは考えていません。1日に何ℓ飲ませるかよりも、自動哺乳機を使うのか使わないのか、使わない場合は何回に分けて哺乳するのかなど、ミルクの飲ませ方による影響のほうが大きいと思います。

ミルクをいつでも飲める状態にある子牛は、体調が悪かったり、お腹の調子が少しおかしければ、自然と飲む量を減らすはずです。そして、体調が戻れば、またミルクを飲む量を増やします。これは、子牛を腹ペコの状態にして（例：1日2回しか給与しない）、一度に大量のミルクを一律で給与するのとは違います。さらに、預託哺育農場で育つ子牛も、生まれた農場で育つ子牛と比べて、移送直後に「飲める」量が違うかもしれません。生まれた農場から移送される子牛は、さまざまなストレスを経験します。腹ペコであれば、大量のミルクでも飲み切ってしまうかもしれません。しかし、移送直後のストレスが続く状況下で、食欲が命ずるままに大量のミルクを飲むと消化器官に大きな負担がかかります。哺乳量を増やしていくには、少し余分の時間をかけて慎重にするべきかもしれません。

▶『NASEM 2021』の推奨哺乳量

子牛への哺乳量に関しては、子牛の発育、ルーメン機能の早期発達、経済性、将来の生産性など、いろいろな視点から議論されており、研究者の間でもさまざまな意見があります。2021年に『NASEM』（北米の乳牛栄養要求）が発刊されましたが、どのような指標がそこで示されるのか注目されていました。『NASEM 2021』は「乾物ベースの哺乳量は少なくとも誕生時の体重の1.5％あるべきだ」という指標を示しました。体重が45kgの子牛であれば675gです。

125g/ℓのミルクであれば、これは5.4ℓ/日に相当します。

ミルクを多く給与するとスターターの摂取量が低下することがありますが、これまでの研究から、675gというのはスターターの摂取量に悪影響を与えないレベルの哺乳量だとされています。つまり、675g/日という値は、ルーメンの発達を優先的に考えている人でも、これ以下の哺乳量にはすべきではない、いわば最低限の哺乳量、言い換えると子牛のミルク要求量と言えるかもしれません。

しかし、『NASEM 2021』では「家畜福祉」という視点から、1日8ℓ（乾物1000g）以上の哺乳量を推奨しています。ルーメンの発達を優先させるべきか、離乳前の増体を優先させるべきかという議論ではなく、家畜福祉というまったく別次元の視点から、最低限の哺乳量とは異なる推奨値を示したことは非常に興味深い判断です。

哺乳量に関しての「少ない・多い」には、ある程度の主観が入ります。子牛にはミルクをたくさん飲ませるべきだと考えている人にとって、8ℓ/日は常識的な哺乳量であり、4ℓ/日以下は犯罪レベル？（子牛虐待）かもしれません。それに対して、ルーメンの発達を最優先に考えている人にとって、4ℓ/日は適切な哺乳量かもしれません。このように、大きく意見が分かれる乳用子牛の哺乳量ですが、『NASEM 2021』では、哺乳量を次のように分類しています。代用乳の場合、どれくらい希釈するかでℓ/日の値は変わってくるため乾物ベースで示しましたが、125g/ℓで換算したℓ/日の値も参考値として（）内に示しています。

・厳しい制限給与：＜400g/日（＜3.2ℓ/日）
・低い給与量：400～600g/日（3.2～4.8ℓ/日）
・中程度の給与量：600～900g/日（4.8～7.2ℓ/日）
・高い給与量：＞900g/日（＞7.2ℓ/日）

このガイドラインに基づいて考えると、600～900g/日の給与量は「常識的」な哺乳量だと言えます。

▶理想の乳成分

市販されている代用乳の栄養成分には大きな違いがあります。「タンパク質20%、脂肪20%」というものもあれば、「タンパク質28%、脂肪15%」というタンパク濃度が高い代用乳もあります。それに対して、全乳のタンパク濃度や乳脂率は3～4%です。あまりにも濃度が違いすぎるように見えますが、その理由を簡単に説明したいと思います。全乳の3～4%という数値は1ℓ当たりの濃度です。それに対して、代用乳では、どのくらいで希釈するかにより1ℓ当たりの栄養濃度が大きく変わります。そのため、脂肪やタンパク濃度を乾物ベースで示すことが一般的です。そのため、代用乳のタンパクや脂肪濃度は、一見、非常に高く見えるのです。全乳の乾物（無脂固形分+脂肪）は約12.5%です。全乳のタンパク濃度や脂肪濃度をそれぞれ3%と4%と仮定し、それらを乾物ベースで示すと、それぞれ24%（= 3 ÷ 12.5 × 100）と32%（= 4 ÷ 12.5 × 100）になります。

「乾物ベース」という同じ土俵で比較すると、全乳の栄養成分は「タンパク質24%、脂肪32%」と、脂肪を多く含みます。しかし、この栄養濃度は市販されている子牛用の代用乳の栄養成分と大きく異なります。代用乳の場合、タンパク濃度のほうが脂肪濃度より高いのが一般的です。一部の代用乳では、タンパク濃度と脂肪濃度はほぼ同じですが、タンパク濃度のほうが低い代用乳は見かけません。なぜ、全乳と代用乳で栄養成分に大きな違いがあるのでしょうか。さらに代用乳のなかでも栄養成分に大きな違いがあるのはなぜでしょうか。代用乳に理想の栄養成分は存在するのでしょうか。少し考えてみましょう。

哺乳類の乳成分には大きなバラつきがあります。ミルクのタンパク濃度を比較してみると、ウシは3%ちょっとですが、ヒトは1～2%です。それに対して、タンパク濃度が比較的高いのはウサギで12%以上です。ミルクのタンパク濃度は、哺乳中の成長速度と関係があります。ウシは誕生時の体重が2倍になるのに約2カ月かかりますが、ヒトは3～4カ月です。それに対して、ウサギは1週間くらいで誕生時の体重の2倍になるそうです。成長速度が速い動物は、必要としているタンパク質も増えます。成長で増えるのは骨格と筋肉だからです。筋肉はタンパク質でできていますし、骨も約1/3はタンパク質です。それぞれの動物のミルクには、哺乳中の成長に必要なタンパク質が含まれているのです。もし、人間の意思で子牛の成長速度を高めようとするなら、自然のミルクに含まれているタンパク質では足りません。成長目標に見合ったタンパク質を給与する必要があります。

ミルクの乳脂率は、それぞれの哺乳動物の環境による影響を大きく受けます。乳脂率が最も高いのは、イルカやクジラなどの海洋哺乳類で、約50%です。見たことはありませんが、ドロドロのミルクだと思います。水中では空気中よりも体温が簡単に奪われてしまうため、体温の維持には大量のエネルギーが必要です。エネルギーを効率良く供給するために、脂肪濃度の高いミルクが必要なのです。また、海洋哺乳類は「ブラバー」という分厚い皮下脂肪を持っていますが、この脂肪の層は熱が体外に失われるのを防いでいます。この皮下脂肪を作るためにも高脂肪のミルクが必要なのかもしれません。

乳牛は家畜です。商品としての全乳の価値を高めるために、遺伝改良が進められてきたため、その栄養成分は自然の乳成分とはかけ離れたモノになっています。今の全乳の栄養成分が、必ずしも子牛の成長の最適化につながると考えることはできません。乳成分の遺伝改良は、子牛の成長を促進するために行なわれてきたわけではないからです。全乳の栄養成分や、タンパク質と脂肪のバランスは、子牛が必要としている栄養バランスとマッチしているとは言えません。

一般的に、代用乳の脂肪濃度は15～25%であり、全乳の脂肪濃度（32%）よりも低く設定されています。その一つの理由は、子牛にスターターを食べてもらうためです。脂肪濃度の高い代用乳をたくさん飲ませると、子牛は満足してしまい、スターターへの食欲が減少します。自然の環境下の子牛の場合、それはまったく問題ありません。ルーメン機能を急いで発達させる必要がないからです。しかし、早く離乳させたい酪農場の子牛の場合、スターターの摂取量を高めることは重要です。エネルギーの要求量を充足させつつ、スターターへの食欲も減退させない、この微妙なバランスを取る栄養管理を実践するためには、脂肪濃度が低い代用乳が必要となるのです。

代用乳の脂肪濃度が低めに設定されているもう一つの理由は、エネルギーの過剰給与を避けるためです。代用乳をたくさん飲ませて増体速度を高める栄養管理を実践する場合、子牛が必要としているタンパク質を十分に給与しなければなりませんが、子牛が肥り過ぎないように注意しなければなりません。代用乳をたくさん与えても、エネルギーの過剰摂取にならないようにするには、代用乳の脂肪濃度を下げる必要があります。

子牛は、その成長速度に応じて、必要とするタンパク質の量が大きく変わります。体重50kgのホルスタイン子牛のエネルギーとタンパク給与の推奨値を**表3-2-1**に示しました。増体速度が高まると、子牛が食べなければならない量（乾物摂取量：DMI）は増えます。体重50kgの子牛なので、すべてミルクから摂取すると考えてよいと思います。800g/日の増体速度を目標にすると、乾物ベースで少なくとも1日1050gのミルクを給与しなければなりません。125g/ℓで計算すると、8.4ℓの哺乳量です。

表3-2-1 体重50kgのホルスタイン子牛のエネルギーとタンパク給与の推奨値（NASEM, 2021）

増体速度、kg/日	DMI、kg/日	ME、Mcal/kg	CP、%
0.2	0.56	4.6	18.3
0.4	0.71	4.6	21.8
0.6	0.88	4.6	23.7
0.8	1.05	4.6	24.9
1.0	1.23	4.6	25.6

増体速度が高くなっても、代謝エネルギー（ME）の推奨濃度は変化しません。4.6Mcal/kgと一定です。それに対して、タンパク濃度の推奨値は高くなります。800g/日の増体速度を目標にすると、24.9%です。哺乳類の乳タンパク濃度は、それぞれの動物の成長速度と比例していると述べましたが、子牛の成長速度は、ある程度、人間がコントロールできます。ミルクをたくさん飲ませて、哺乳中の増体速度を高める栄養管理を実践する場合、タンパク濃度が高いミルクを飲ませる必要があるわけです。

しかし、理想の乳成分を考えるときには、子牛の飼養環境も考慮に入れる必要があります。子牛が必要とするエネルギーは環境気温により大きく影響を受けるからです。体温維持のために余分のエネルギーを必要としない温度帯を「サーモ・ニュートラル・ゾーン」と呼びますが、3週齢以下の子牛の場合20～25℃ですが、それ以降の子牛は10～25℃です。気温が25℃以上になると、体温が上がり過ぎないように、放熱のために余分のエネルギーを使います。その反対に、気温が下がると、体温を維持するためにエネルギーを使わなければなりません。

サーモ・ニュートラル・ゾーン外の気温に応じて、子牛のエネルギー要求量がどれくらい増えるかを**表3-2-2**に示しました。高温よりも低温への対応のほうが、エネルギー要求量を大きく高めることがわかります。一例をあげると、気温が5℃の環境で飼養されている3週齢の子牛の場合、生体維持のために必要なエネルギーは28%増えます。ウシの乳脂率は冬のほうが高くなりますが、これはエネルギー要求量が高くなる子牛に効率良くエネルギーを供給するための自然の摂理なのかもしれません。

このように、成長速度や環境に応じて、理想となる乳成分は大きく異なります。寒冷地の冬、とくに屋外のハッチで飼養管理している場合、子牛のエネルギー要求量は高くなります。体温維持のために必要とするエネルギーが増えるからです。しかし、体温維持のためにタンパク質の要求量は増えません。逆に、

表3-2-2　生体維持のために増える子牛のエネルギー要求量（NASEM, 2021）

気温	３週齢以下	３週齢以上
40℃	28%	30%
35℃	19%	20%
30℃	9%	10%
25℃	0	0
20℃	0	0
15℃	9%	0
10℃	19%	0
5℃	28%	9%
0℃	38%	18%
－5℃	47%	26%
－10℃	56%	35%

体温を維持するために使うエネルギーが増えれば、子牛が成長のために使えるエネルギーは目減りしてしまいます。そうなれば、増体速度は低くなり、理屈のうえでは、増体速度とリンクしているタンパク要求量も減ることになります。そうなると、理想とするタンパク質とエネルギーの割合、タンパク質と脂肪の割合も変化します。冬は、夏よりも脂肪分の高い代用乳のほうが、子牛の必要にマッチします。

もっとも、気温に応じて代用乳のタイプを頻繁に変えることは、栄養生理の側面からは理にかなっていても、現場では混乱を招くため現実的ではないかもしれません。子牛にとって、唯一絶対の理想の乳成分は存在しません。いろいろな要因により理想値が変化するからです。現実的には、屋外で飼っているか、舎飼いか、環境気温、目標とする増体速度、ミルクの給与量、子牛の栄養管理の作業体系などの要因を考慮して、それぞれの農場で利用する代用乳を選択することになります。

▶脂肪酸組成

乳脂肪には、炭素数の異なるいろいろなタイプの脂肪酸が含まれています。酪酸に含まれている炭素の数は四つですが、これは短鎖脂肪酸と分類されます。ルーメン発酵の結果できる発酵酸の一つなので、聞き覚えがあるかと思います。炭素の数が16以上の脂肪酸は、長鎖脂肪酸と分類されます。泌乳牛の油脂サプリメントや植物油に多く含まれるのが長鎖脂肪酸です。これも「一般的」な脂肪酸だと思います。炭素の数が6から14の脂肪酸は、中鎖脂肪酸と分類されます。長鎖脂肪酸と比べて、馴染みのない脂肪酸に思えるかもしれません。しかし、ウシの乳には多くの中鎖脂肪酸が含まれており、子牛にとって“自然な”脂肪酸だと言えます。

全乳には酪酸や中鎖脂肪酸が多く含まれていますが、植物性の油脂が多く含まれる代用乳では、酪酸や中鎖脂肪酸の含有量は限られています。代用乳に、酪酸や中鎖脂肪酸をサプリメントするとどのような効果が見られるのか、その機能性の研究は、世界的に子牛栄養学のホット・トピックの一つです。ここで、日本で行なわれた研究データを一つ紹介したいと思います。

この試験では、下記の四つの代用乳を比較しました。

・中鎖脂肪酸 低（カプリル酸3.2%、カプリン酸2.8%）＋トリブチリンなし
・中鎖脂肪酸 高（カプリル酸6.7%、カプリン酸6.4%）＋トリブチリンなし
・中鎖脂肪酸 低（カプリル酸3.2%、カプリン酸2.8%）＋トリブチリン0.6%
・中鎖脂肪酸 高（カプリル酸6.7%、カプリン酸6.4%）＋トリブチリン0.6%

カプリル酸とカプリン酸はいずれも中鎖脂肪酸で、含まれる炭素の数はそれぞれ8と10です。トリブチリンとは、酪酸が三つ付いたトリグリセリド（中性脂肪）で、酪酸の供給源となります。代用乳のCP含量は約31%、脂肪含量は約22%で、乾物ベースでの最大給与量は1400g/日（22～49日齢）です。50日齢から哺乳量を減らしはじめ、64日齢で完全離乳しました。

主な試験結果を**表 3-2-3** にまとめましたが、中鎖脂肪酸濃度が高い代用乳の給与は、飼料効率を高めました。そして、トリブチリンを給与された子牛は、離乳移行期以降の体重が高くなりました。一貫して乾物摂取量が高い傾向が見られたことから、消化管の機能が高まったのではないかと推測できます。トリブチリンに含まれる酪酸には、消化管の発達を促進する働きがあることが知られているからです。酪酸も中鎖脂肪酸も、全乳の脂肪に含まれている、子牛にとっては"自然な"脂肪酸です。これは、子牛にとっての理想的なエネルギー源は何なのかを考えるうえで興味深いデータだと言えます。

表 3-2-3 代用乳への酪酸と中鎖脂肪酸のサプリメントの効果
(Murayama et al., 2023)

	トリブチリンなし		トリブチリン 0.6%	
	中鎖脂肪酸低	中鎖脂肪酸高	中鎖脂肪酸低	中鎖脂肪酸高
23 ~ 49 日齢				
合計 DMI、kg/日	1.44	1.40	1.48	1.46
増体速度、kg/日	1.03	1.04	1.05	1.09
飼料効率 [§]	0.71	0.74	0.71	0.75
体重、kg	70.9	69.6	71.7	72.1
離乳移行期				
合計 DMI、kg/日	1.65	1.64	1.74	1.76
増体速度、kg/日	0.72	0.78	0.76	0.84
飼料効率	0.42	0.46	0.44	0.47
体重、kg [*]	88.1	87.8	89.9	91.6
離乳後				
合計 DMI、kg/日 [*]	3.25	3.22	3.53	3.40
増体速度、kg/日	1.25	1.21	1.28	1.28
飼料効率	0.39	0.38	0.37	0.38
体重、kg [*]	112	112	116	117

[*] トリブチリンの給与効果に有意差あり（$P<0.05$） [§] 中鎖脂肪酸濃度の効果に有意差あり（$P<0.05$）

▶まとめ

一昔前まで、「子牛のルーメンを早く発達させるためにはスターターをたくさん食べさせるべきだ」「ミルクをたくさん飲ませればスターターを食わなくなる」「子牛に給与するミルクの量を制限したほうが良い」、このような低栄養哺乳の管理が勧められていました。一つ一つの議論は部分的に正しく、一面の真理があるのかもしれません。しかし、「動物福祉」という新たな視点から、高栄養哺乳は子牛の栄養管理のアプローチとして推奨されるようになりました。しかし、これは単純に哺乳量を増やせば済むという問題ではありません。

高栄養哺乳を成功させるためには、子牛の飼養環境にも配慮すべきですし、1回当たりの給与量が過剰にならないように、多回給与や自動哺乳機の導入などの検討が求められるかもしれません。代用乳を利用するのであれば、その栄養成分にも注意する必要があります。第4部で詳述しますが、離乳移行期の管理も重要です。子牛の栄養管理は総合的な技術です。断片的な情報に踊らされていては、子牛の栄養管理は失敗します。子牛の栄養生理を知り、推奨されているそれぞれの「技術」の背景や理由、子牛の生理メカニズムを十分に理解すれば、高栄養哺乳を成功させることができます。

第３章 スターター給与を理解しよう

第１章で述べましたが、ルーメン機能を高めるのに最も効果的なエサは「穀類」です。ルーメンがエネルギー源を十分に吸収する状態になっていなければ、子牛は離乳できません。穀類を多く含むスターターは、ルーメン機能を発達させ、早期離乳を可能にするために給与されます。生まれて数日後から給与される場合もありますが、一定の量を食べ始めるのは、誕生後数週間してからです。

スターターの摂取量はルーメン機能のバロメーターであり、離乳前のスターターの摂取量は離乳がスムーズにいくかどうかを決定する重要な要因です。さらに、スターターの摂取量は、将来の生産性にも大きな影響を与えます。本章では、子牛の栄養管理においてスターターが果たす役割、栄養成分について詳しく考えてみたいと思います。

▶スターター摂取が大切な理由

ルーメン機能を高めるためには、ルーメン壁の表皮細胞にエネルギーを供給しなければなりません。しかし、ルーメン壁の細胞は非常に「好き嫌いが多い」細胞です。エネルギー源としてなんでも利用するわけではありません。ルーメン壁の細胞の大好物は酪酸です。酪酸はルーメンが発達するのに必要なエネルギー源ですが、それはなぜでしょうか。

ルーメン内で生成される主な発酵酸は、酢酸、プロピオン酸、酪酸の３種類です。ルーメン内で最もたくさん生成される発酵酸は酢酸です。しかし、酢酸はルーメン壁のエネルギー源とはなりません。ルーメン壁を素通りして血管に吸収されてしまいます。ルーメン壁には、酢酸をエネルギー源として利用するために必要な酵素が欠けているからです。プロピオン酸は半分くらいがルーメン壁を素通りしますが、残りの半分は乳酸になります。その過程でエネルギーが生まれ、ルーメン壁の細胞を増やすのに利用できます。しかし、酪酸は違います。酪酸のほとんどはルーメン壁の細胞により代謝されてエネルギー源となります。

ルーメン壁細胞のエネルギー源となる酪酸やプロピオン酸をたくさん作る、一番手っ取り早く安価な方法は、穀類を給与することです。穀類を給与すれば、発酵酸の生成量が格段に増えるだけでなく、デンプンが発酵することで、プロピオン酸や酪酸がたくさん生成されるからです。離乳前のスターター摂取量は、離乳移行期の増体速度との相関関係があるだけでなく、初産次の乳量とも相関関係があると報告している研究もあります。

図 3-3-1 に、離乳移行期の子牛 55 頭のスターター摂取量のデータを示しました。注目していただきたいのは、そのバラつきです。週齢が同じであるにもかかわらず、スターターの摂取量が 250g/日以下の子牛もいれば、1500g/日以上の子牛もいます。どうすればスターターの摂取量を高めることができるの

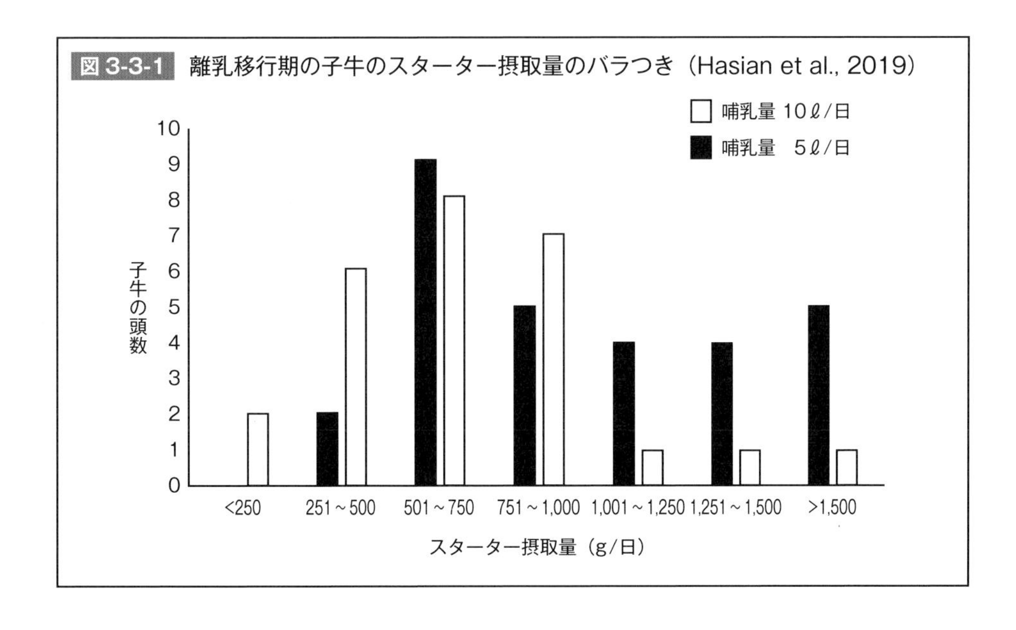

でしょうか。「哺乳量を減らせば、スターターの摂取量が増える」と考えている人がいます。しかし、それは部分的には正しい答えですが、100％の正解ではありません。

哺乳量が1日5ℓだった子牛と1日10ℓだった子牛のスターター摂取量の平均値を比較すると、哺乳量が少ない子牛のほうがスターターをたくさん食べているかもしれません（1072g/日 vs. 722g/日）。しかし、哺乳量が少なくても（5ℓ/日）、離乳移行期のスターター摂取量が500g/日以下の子牛もいます。その反対に、哺乳量が多くても（10ℓ/日）、離乳移行期のスターター摂取量が1500g/日を超える子牛もいます。哺乳量を減らせば、スターターの摂取量が必ず高くなるとは言い切れません。1日10ℓのミルクを飲ませていても、しっかりとスターターを食べる子牛もいるのです。

コーネル大学で行なわれた研究は、誕生直後の70日間の子牛の増体速度は、その子牛が成長して初産牛になったときの乳量と正の相関関係があることを示しています。有名な研究データなので、皆さんもご存知かと思います。子牛にしっかりとミルクを飲ませることの重要性を示唆していると解釈されていますが、この研究データは、すべて哺乳量の多い子牛から集められたものです。そのため、子牛の増体速度の差は、哺乳量の多い少ないによって生じたものというより、スターターの摂取量の差によって生じたものだと考えられます。哺乳量を高める栄養管理は大前提として、その中でさらに増体速度を高めた子牛は、スターターの摂取量も高かったはずです。

哺乳量とスターター摂取量、これは二者択一の問題ではありません。第2章でも詳述しましたが、離乳前の子牛に十分な量のミルクを給与することは、子牛の成長を促進するうえでも、動物福祉の視点からも基本であり、子牛の栄養管理の前提条件です。ここで考えるべきなのは、そのうえで、いかにスターターの摂取量を高めるかです。例えば、新鮮できれいな水が、いつでも好きなだけ飲める状態になっているでしょうか。自由に水が飲めなければ、スターターの摂取量を高めることはできません。

▶スターターからのデンプン給与

泌乳牛の乾物摂取量は、飼料設計のアプローチにより影響を受けます。粗飼料センイをたくさん給与すれば、ルーメンの物理的な満腹感から食べられる量は減ります。その反対に、デンプンを過給しても、代謝上の満腹感から食べられなくなります。子牛の場合、どうなのでしょうか。スターターのデンプン含量は、スターターの摂取量や子牛の増体に、どのような影響を及ぼすのでしょうか。スターターのデンプン含量には多くのバラつきがあり、理想のデンプン含量がどれくらいなのかは確立されていません。

ここで、代用乳の給与量とスターターのデンプン含量の影響を調べたゲルフ大学で行なわれた研究を紹介したいと思います。高栄養哺乳の栄養管理は一般的になりつつあるものの、哺乳量とスターターのデンプン含量の相互作用に関しては研究データが少なく、これは貴重なデータです。この研究では、スターターの摂取量や子牛の成長への影響だけでなく、消化器官の発達に与える影響も評価しました。

この試験では、48頭のオス子牛を使って、下記の四つの栄養管理メニューを比較しました。一試験区当たり12頭です。代用乳はCP24.5%、脂肪19.8%で、給与量は691g/日か1382g/日です（すべて乾物ベース）。希釈濃度は150g/ℓなので、1日4.6ℓか9.2ℓの給与量になります。給与回数は1日2回です。

代用乳の給与量：乾物691g/日＋スターターのデンプン含量：12.0%
代用乳の給与量：乾物691g/日＋スターターのデンプン含量：35.6%
代用乳の給与量：乾物1382g/日＋スターターのデンプン含量：12.0%
代用乳の給与量：乾物1382g/日＋スターターのデンプン含量：35.6%

スターターは、ペレット・タイプのものを2種類比較しました。デンプン含量は12.0%か35.6%です。高デンプンのスターターには粉砕コーンが約40%

含まれており、低デンプンのスターターには粉砕コーンの代わりに大豆皮が含まれています。CP 含量は、いずれも約 21%です。

スターター摂取量、増体速度、試験終了時の牛体測定値、ルーメン繊毛のデータを**表 3-3-1** に示しました。代用乳を多く給与された子牛は、試験終了時の体重やフレーム・サイズを向上させたことがわかります。それに対して、哺乳量の少なかった子牛は、スターターの摂取量が高く、ルーメン繊毛も伸びました。このように、哺乳量（そしてスターター摂取量）は子牛の発育に大きな影響を与えました。

しかし、子牛はスターターのデンプン含量の違いに反応しませんでした。スターターのデンプン含量が 12.0%と 35.6%というのは、かなり大きな差です。これだけ大きく変えても、スターターの摂取量、増体、骨格の発達に違いは見

表 3-3-1 代用乳給与量とスターターのデンプン含量が子牛の成長に与える影響 (Yohe et al., 2022)

	代用乳 691 g/日		代用乳 1,382 g/日	
	低デンプン	高デンプン	低デンプン	高デンプン
スターター DMI、kg/日**	0.52	0.42	0.23	0.18
平均増体速度、kg/日*	0.51	0.48	0.57	0.57
試験終了時の牛体計測値				
体重、kg*	72.0	69.6	75.3	75.0
腰角幅、cm**	21.3	20.4	21.3	21.7
十字部高、cm**	81.1	81.9	83.5	83.8
胸囲、cm**	96.4	95.2	97.7	102.2
ルーメン繊毛				
長さ、mm*	1.28	0.99	0.82	0.64
幅、mm*	0.76	0.79	0.60	0.65
表面積、mm^2*	0.97	0.78	0.49	0.42

** 代用乳給与量の効果に有意差あり（P<0.05） * 代用乳給与量の効果に傾向差あり（P<0.10）

られなかったのです。数値だけを見ると、低デンプンのスターターを給与された子牛のスターター摂取量が高いように見えますが、ここに統計解析上の有意差はありませんでした。

離乳前の子牛にとって、スターターの摂取量に影響を与える要因はたくさんあります。代用乳の給与量やエネルギー濃度、スターターのタイプ（オール・ペレット vs. ペレット＆フレーク）、スターターの給与方法、乾草を給与しているか否か、子牛の飼養環境、新鮮な水が自由に飲めるようになっているかなど、数えあげればキリがありません。スターターのデンプン含量を大きく変えているようでも（12.0% vs. 35.6%）、スターターの摂取量が少なく、その摂取量に大きなバラつきがある離乳前の子牛には、相対的に些細な差なのかもしれません。私自身、スターターのデンプン含量を変えて、子牛の反応を見る試験を過去に何度か行ないましたが、増体速度などで子牛の反応は見られませんでした。離乳前の子牛のスターター摂取量を左右するのは、スターターのデンプン濃度よりも、それ以外のマネージメント要因の影響のほうが大きいのかもしれません。

▶スターターからのタンパク質給与

子牛の哺乳量を増やせば、増体速度は高まりますが、スターターの摂取量は減少します。スターターの摂取量が低くなれば、ルーメン機能の発育が制限されるため、離乳移行期の成長を減退させるリスクがあります。高栄養哺乳のプログラムでは、「増体速度が高まりタンパクの要求量が高いにもかかわらず、スターターの摂取量が少ない」という状況になるため、離乳のプロセスをスムーズに進めるためには、スターターのタンパク濃度を高めるべきではないかという意見があります。ここで、イリノイ大学の研究グループが行なった、スターターのタンパク給与に関する研究を紹介したいと思います。

表3-3-2 イリノイ大学の試験で評価された栄養管理プログラム
(Stamey-Lanier et al., 2021)

	低・代用乳給与	高・代用乳給与	
	低CPスターター	低CPスターター	高CPスターター
スターター（飽食）			
CP、%乾物	21.5	21.5	26.0
代用乳			
CP、%乾物	20.6	29.1	
脂肪、%乾物	21.7	17.3	
給与量、kg/日			
1週目	体重*の1.5%	体重*の1.5%	
2～5週目	体重*の1.5%	体重*の2%	
6週目	体重*の0.625%	体重*の1%	

* 誕生時の体重

表3-3-2に示した三つの栄養管理プログラムを比較しました。そのうちの二つは、代用乳を多く給与するプログラムです。CP含量の高い代用乳を、誕生時の体重の2%給与（乾物）しました。そして6週齢で代用乳の給与量を減らし、7週齢で離乳しました。スターターは、CP含量が21.5%のものと、ふすまを減らして大豆粕を増やすなどの方法でCP含量を26.0%に高めたもののいずれかを給与しました。

子牛の反応を**表3-3-3**に示しました。代用乳を多く給与された子牛は、離乳前（1～5週齢）のスターター摂取量が少なくなりましたが、増体速度はほぼ2倍になりました。これは、予想どおりの結果です。離乳移行期以後（6～10週齢）のスターターの摂取量や増体速度に関しては、代用乳の給与量の影響はありませんでした。そして、スターターのCP含量も、スターターの摂取量や増体速度など、子牛のパフォーマンスに有意な影響を与えませんでした。

表 3-3-3 代用乳の給与量とスターターの CP 含量の影響
（Stamey-Lanier et al., 2021）

	低・代用乳給与	高・代用乳給与	
	低 CP スターター	低 CP スターター	高 CP スターター
1 ～ 5 週齢			
代用乳摂取量、g/日*	533	977	944
スターター摂取量、g/日*	225	72	85
増体速度、kg/日*	0.34	0.67	0.65
6 ～ 10 週齢			
スターター摂取量、g/日	1,748	1,798	1,894
増体速度、kg/日	0.89	0.83	0.92
10 週齢時			
体重、kg *	84.9	98.4	102.7
増空体重の構成			
タンパク、%*	17.0	20.7	18.6
脂肪、%* §	9.0	14.7	9.8
枝肉、%空体重* §	58.8	61.3	59.8
第一胃・第二胃、%空体重 §	2.53	2.54	3.10
肝臓、%空体重 §	2.60	2.30	2.66

*代用乳給与量の効果に有意差あるいは傾向差あり（$P<0.10$）
§ スターターの CP 含量の効果に有意差あり（$P<0.05$）

しかし、スターターのCP含量は、体重の増え方（重量が増えた部分）に影響を与えました。試験終了後（10週齢時）に安楽死させ、さまざまな臓器の重量を計測したり、増体の要因を詳しく分析したところ、興味深い結果が見られました。例えば、代用乳を多く給与して低CPのスターターを給与する栄養管理プログラムでは、増えた体重のうち脂肪の占める割合が高くなりました。しかし、高CPのスターター給与では、そのような傾向は観察されませんでした。さらに、スターターのCP含量は試験終了時の体重に影響を与えなかったものの、空体重中の枝肉%は、高CPのスターターを給与された子牛のほうが少なくなりました。これは、除去された臓器部分の割合が高くなったことを意味します。

詳しくデータを見てみると、高CPのスターターを給与された子牛は、ルーメンや肝臓の重量（空体重の％）が高くなりました。言うまでもなく、ルーメンは反芻動物の主要な消化器官であり、肝臓も栄養代謝の面で要となる働きをする臓器です。ルーメンと肝臓が大きくなったというのは、反芻動物として生きていくための準備、基礎がしっかりとできていることを意味しています。言い換えると、高CPのスターター給与は、反芻動物としての子牛の成長を早めたと解釈できます。

高CPのスターターを給与された子牛は、血中の尿素態窒素の値も高くなりました。これ自体は大きな問題ではありませんが､尿素態窒素とは｢ムダになったタンパク質」がどれだけあるかの目安となる指標です。このデータは、高CPのスターターから多くのタンパク質を摂取しても､そのすべてが筋肉･骨格･臓器の成長のために効率良く使われたのではなく、ムダになったタンパク質も増えたことを示しています。子牛の成長を最適化するためには、単純にCP濃度を上げるだけではなく、アミノ酸バランスにも注意を払う必要があると考えられます。

▶乾草給与に対する考え方

「牛は反芻動物だから、なるべく早く乾草を給与したほうが良い」と考える方は、たくさんいます。しかし、乳用子牛の栄養管理を語るときには、「自然環境とはまったく異なる状態で子牛を飼っている」という前提を忘れてはなりません。乳用子牛の場合、生後２カ月程度で離乳させるケースがほとんどですが、自然環境下では、そのような早い段階で離乳する子牛はいないからです。そのため、乳用子牛の飼養管理では、ルーメンが“自然に”発達していくのを待っている時間的な余裕はなく、ルーメン機能を早く発達させるために、さまざまな工夫をすることが必要になります。その一つが乾草の給与を控えることなのです。

ルーメンの発育には、いくつかの段階があります。まず最初に求められるのは、微生物がルーメン内で増殖できるように、ルーメン壁が発酵酸を吸収できる状態になることです。ルーメン壁が発酵酸を吸収できなければルーメンpHは低くなり、センイを分解する微生物は増殖できません。そのため、センイの発酵から十分なエネルギーを吸収するためには、微生物の住環境を整える、言い換えると、ルーメン壁は発酵酸を吸収する力を身につける必要があるのです。具体的には、発酵酸を効果的に吸収するために、ルーメン壁の繊毛を伸ばして、その表面積を増やすことが求められます。繊毛を成長させるために必要なのは、物理的な刺激ではなく、栄養面での刺激です。栄養の刺激を与える方法の一つが、スターターの摂取です。すでに述べたように、スターターの摂取量が高まれば、プロピオン酸や酪酸がルーメン内でたくさん生成され、それらの発酵酸がルーメン壁に栄養面での刺激を与え、繊毛の成長を促すからです。

これまでの子牛の栄養管理では、ミルクの制限給与が推奨されていました。その目的は、子牛に空腹感を感じさせることで、スターターの摂取量を増やし、ルーメンの発達を促進することです。そのため、スターターの摂取量を下げるリスクがある離乳前の乾草給与も勧められていませんでした。離乳前の子牛は“単胃動物”です。粗飼料を食べてもエネルギー源として利用することはできません。エネルギー源にならないだけでなく、乾草をたくさん摂取してしまえば、未消化のままルーメンに溜まっていき、スターターの摂取量を低めるリスクもあります。そうなると、ルーメン機能の発達が遅れてしまいます。

ミルクを制限給与する従来の栄養管理の場合、子牛の発育に最も大きな影響を与えるのはスターターの摂取量です。そのため、低栄養哺乳プログラムでは、「いかにスターターの摂取量を高め、早く離乳させるか」ということが大切なポイントとなります。ルーメンの発達を最優先にするための工夫の一つが、粗飼料の給与を控えて、スターターの摂取量を高めることだったのです。

しかし、高栄養哺乳プログラムでは、粗飼料の位置づけが異なります。ミルクの給与量が多ければ、子牛はスターターに頼らなくても十分なエネルギーと栄養分を摂取できるからです。カナダのブリティッシュ・コロンビア大学の研究グループは、子牛30頭を使い、離乳移行期に乾草を給与する効果を検証する試験を行ないました。低温殺菌された全乳を最大8ℓ/日給与し、57日齢で完全離乳させました。これは、高栄養哺乳プログラムですが、すべての子牛にスターターを自由採食させ、30頭のうち15頭には、さらに切断乾草（オーチャード・グラス、NDF62.4%、CP17.7%）を給与しました。

乾草を給与された子牛は、スターターの摂取量がやや低くなる傾向が見られましたが、乾草の摂取量を含めた乾物摂取量（DMI）の合計は高くなり、6週目以降の体重は高くなる傾向が見られました。70日齢での安楽死時、乾草を給与された子牛のほうがルーメン・第二胃は重く、ルーメン内の消化物の量も多くなりました（**表3-3-4**）。しかし、ルーメン壁の繊毛の長さ・幅・厚さに有意差は見られませんでした。ルーメンの繊毛を成長させるのは、酪酸やプロピオン酸などの「栄養面での刺激」ですが、ルーメンの筋肉部分の発達を促進するのは「物理的な刺激」のようです。繊毛の大きさに影響はなかったものの、乾草を給与することにより、ルーメンそのものが大きくなったのです。

ここで紹介した研究データは、高栄養哺乳プログラムを実践する場合、乾草を給与しても、スターターの摂取量が増体量に影響を与えるほど低下するわけではないこと、その反対に、ルーメンの物理的な成長にプラスの効果があったことを示しています。物理的な刺激を与えることで“ルーメンを鍛えた”のです。ルーメンを発達させるもの、それは「栄養面での刺激」と「物理的な刺激」の両方です。しかし、栄養を与えずに物理的な刺激だけを与えてもルーメンは成長しません。子どもが体を鍛えるためには、栄養分を十分に摂取したうえで、適度な運動をすることが必要です。必要な栄養分を摂取せずに運動だけさせれば、体を壊します。ルーメンを発達させる場合も、それと同じです。必要な栄養素を十分に供給したうえでの乾草給与はアリですが、栄養が足りていないのに乾草を食べさせようとすればマイナス効果になります。

表3-3-4 乾草給与が子牛の消化器官の発達に与えた影響（Khan et al., 2011）

	スターターのみ	スターター&乾草
消化器官の重量（消化物を除く）、kg		
ルーメン・第二胃*	1.59	1.89
第三胃	0.43	0.48
第四胃	0.48	0.47
消化器官の重量（消化物を含む）、kg		
ルーメン・第二胃*	7.99	12.7
第三胃	0.67	0.72
第四胃	1.68	1.66
ルーメン壁の厚さ、cm	0.82	0.85
繊毛の長さ、cm	1.14	1.26
繊毛の幅、cm	0.48	0.52
ルーメンpH*	5.06	5.49

*有意差あり（$P<0.05$）

▶まとめ

離乳前の子牛の成長に最も大きな影響を与えるのは哺乳量かもしれません。ミルクには、離乳前の子牛そのものを成長させる力があるからです。しかし、離乳前の子牛にとってミルクが重要であるという事実を、「スターターが重要ではない」または「スターターの摂取量を気にしなくてもよい」と解釈すべきではありません。哺乳量の多い栄養管理でも、スターターの摂取量を高めることは十分に可能だからです。子牛の消化器官を発達させる力を持っているのはスターターです。消化器官の発達が遅れれば、離乳移行期の成長が停滞するリスクがあります。代用乳を十分に給与しつつ、スターターの摂取量も高めることができればベストです。

スターターのデンプン含量の違いは、子牛の発育に大きな影響を与えませんでしたが、高 CP のスターター給与は、ルーメンや肝臓の成長を促進し、子牛が反芻動物として成長していくのをサポートしました。離乳移行期から離乳後にかけて、スターターへの依存度は高くなります。この時期に給与するスターターは、タンパク濃度が十分にあるように注意し、子牛が順調に発育していけるように配慮することが重要です。子牛の栄養管理では、哺乳プログラムに合わせたスターターを給与することも重要です。

哺乳中の子牛に乾草を給与すべきかどうか、それはミルクをどれだけ飲ませているかによって正解が変わってきます。スターターの摂取量を高めることを目的に、ミルクの給与量を制限するのであれば、乾草を給与し始めるのは離乳移行期まで待ったほうが良いでしょう。乾草を食べることで、スターターの摂取量が減ってしまうからです。「ミルクの給与量を制限する」という自然に反することをしながら、「粗飼料は反芻動物にとって自然のものだから与えるべきだ」と主張するのは矛盾しています。ミルクの給与量を制限するなら、スターターの摂取量が最大になるように全力を尽くすべきです。それに対して、ミルクをたくさん飲ませる哺乳プログラムを実践しているなら、乾草を給与しても問題ありませんし、メリットもあります。十分に消化できない乾草を摂取すれば、スターターの摂取量は多少減るかもしれませんが、子牛は十分なエネルギーと栄養分をミルクから得ているからです。

第４章　群管理を理解しよう

乳用子牛の飼養管理では、カーフ・ハッチなどを使って個体別で管理することが一般的です。下痢や肺炎など疾病の蔓延を防ぎ、感染リスクを最小限にするためです。離乳するまでは個体別で管理、離乳を機にグループ管理へ移行するのが、これまでの「常識」でした。しかし、今、この常識が大きく揺らいでいます。哺乳ロボットの導入とともに、哺乳中の子牛を群管理する酪農家の方が増えてきました。さらに、動物福祉の観点から、子牛を「隔離管理」するのはいかがなものか、という疑問も投げかけられています。動物福祉を考えるときには、栄養・環境・健康・精神・行動の五つの領域を考慮しなければなりません。たとえ個体別管理が健康に配慮したアプローチであっても、心理的（精神的）な側面を考えるとどうなのか、本当に子牛が必要としているものを与える管理方法と言えるのか……というわけです。哺乳中の個体別管理と群管理、これは、これからの10年間で考え方や常識が大きく変化することが予測されるテーマです。詳しく考えてみましょう。

▶群管理のデメリット

哺乳中の子牛の群管理を避ける最も大きな理由は、感染リスクが高まることにあります。哺乳中の子牛にとって、下痢などの消化器系の疾病、肺炎などの呼吸器系の疾病は、大きな問題です。一度つまずいてしまうと、そのダメージから回復するのに多くの時間を要します。哺乳中の子牛を群管理すれば、病原菌が子牛から子牛へと移り、感染リスクが高まることが予測されます。さらに、子牛のなかには攻撃的な行動をとるものがいるかもしれません。言い換えると、喧嘩でしょうか。さらに、吸い合い（クロス・サッキング）行動により、乳房炎のリスクが高まることも考えられます。このように、子牛の群管理にデメリットがあるのは事実です。

しかし、これらのデメリットは、さまざまな方法で軽減できるはずです。群管理で疾病リスクが高まるのは、病原体に晒されるからではなく、疾病の早期発見が難しいからだと考えている人もいます。病原体は、いたるところ、どこにでも存在します。グループで舎飼いしようが、カーフ・ハッチで飼おうが、無菌の場所はありません。子牛は常に病原体に晒されています。「群管理だから病気になる」と考えるのは間違っているというわけです。違いは、どれだけ早く異常に気がつけるかです。個体別で管理すれば、様子が少しおかしい子牛に早く気づけるかもしれません。迅速な治療・対応が可能になり、問題が深刻化する前に対応できます。つまり、発見の遅れが、感染リスクが高まる主な原因であれば、人間の努力により改善できるはずです。1頭1頭の子牛の様子をしっかりモニタリングする作業パターンを確立すれば、群管理をしていても感染リスクを軽減できるはずです。

換気も重要です。空気がよどんだ環境であれば、病原体に晒される時間が長くなります。空気が定期的に入れ替われば、群管理であっても、感染リスクを下げることができます。さらに「群管理」と一口に言っても、3～4頭か、5～6頭か、10頭以上かで感染リスクは大きく変わるはずです。グループ・サイズが7頭以上になれば疾病のリスクが高まるが、7頭未満であれば問題ないと報告している研究もあります。グループ･サイズに配慮することによっても、群管理での感染リスクは軽減できるはずです。

群の作り方によっても感染リスクは影響を受けます。新しい子牛をグループに入れて、それに合わせて大きい子牛を出して別グループに入れる、そのような群管理をしていれば、常に新しい個体が外部から入ってくるため、感染リスクは高まります。それに対して、「オール・イン・オール・アウト」という方法であれば、グループを構成している子牛は変わりません。外部から新たな個体が入ってこない､いわば｢バブル方式｣の群管理です。たとえ感染が起きても、その蔓延をグループ内だけにとどめることができます。別のグループへ病原菌を移すリスクを下げられます。さらに、子牛がある程度の大きさに達し、別の牛舎・ペンに移動するときには、全頭まとめて移動するので、新しいグループを入れる前に清掃・消毒を徹底的に行なうこともできます。

攻撃的な行動､子牛同士の喧嘩､吸い合い（クロス･サッキング）に関しても、群管理だからしょうがない、とあきらめる必要はありません。グループ構成に注意して、大きい子牛と小さい子牛が一緒にならないように配慮したり、過密飼養を避ければ喧嘩も少なくなります。吸い合いは、子牛の欲求不満の表れです。十分な量のミルクを飲ませてもらい、満足した子牛は、過剰な吸い合いをすることはないはずです。また、ミルクの飲ませ方もポイントになります。バケツからミルクを与えるのではなく、乳首からミルクを吸わせて飲ませれば、吸い合いする子牛を減らせます。

群管理のデメリットへの対応は、ある意味、小さい子どもを保育園に入れるときと同じかもしれません。小さい子どもに集団生活をさせれば、病気になるリスクも高まりますし、喧嘩もします。しかし、そこで集団生活そのものを否定するのではなく、集団生活の環境を改善するにはどうすれば良いかを考えれば、そのデメリットを大きく軽減できるはずです。

▶群管理のメリット

群管理には大きなメリットがあります。隔離された動物と比較し、グループで管理した動物は、新しい環境への対応力が高くなると報告している研究が数多くあります。学ぶ力が高まるのです。

乳牛は、その生涯で、さまざまな変化を経験します。まず、生まれて間もないうちからミルク以外のエサも与えられます。自然環境下よりもかなり早い段階で哺乳量が減らされます。ペンの移動、別の牛舎への移動、場合によっては預託農場へ「里子に出される」ものもいます。さらに分娩が近づくにつれ、人間との接触も増えていきます。分娩すると、それぞれの農場の飼養環境に応じて、さまざまな経験をします。いきなり先輩牛が多くいるフリー・ストール牛舎に放置されるかもしれません。意地悪な、お局様がいるかもしれませんし、イジメやパワハラも経験することでしょう。あるいは繋ぎ牛舎に移動させられるかもしれません。今までは自由に動き回れたのに、タイ・ストールでは自由な動きが制限されてしまいます。さらに、機械で搾乳されるという未知の体験もします。食べるものも頻繁に変わります。

これらの変化は、すべてストレスの原因になるはずです。人間であれば、うつ病になってもおかしくない状況ですが、このようなさまざまな変化に対応する力は、子牛の初期の飼い方により大きく影響を受けるはずです。生まれて間もない段階から集団生活を経験している子牛と、「病気にならないように」と哺乳中ずっと隔離されて育てられた子牛とでは、新しい環境への対応力は大きく違うはずです。「三つ子の魂百まで」という諺があります。子どもの人格や性格は3歳になるまでに形成され、それは一生変わらないという意味ですが、生まれてから最初の数週間（哺乳中）の子牛の飼養環境も、その子牛の能力（精神性？）に大きな影響を与えたとしても不思議ではありません。

集団生活をする群管理の子牛は、常に仲間から刺激を受けます。仲間がスターターを食べに行くのを見れば、好奇心がわくはずです。つられて自分も食べるかもしれません。個体別に管理された子牛と比較して、群管理の子牛はスターターの摂取量が高くなる、増体速度が高くなるという研究データが数多くあります。子牛は生まれて2日目から、群れの中にいるほかの子牛と関わろうとするそうです。基本的に、ウシは群れで生きる動物です。子牛の「精神の発達」と言うと大げさに聞こえるかもしれません。しかし、乳牛が乳牛として成功するために必要な特性は「新しい環境への適応能力」です。これは、哺乳子牛に群管理を実践する大きなメリットと考えてもよいかと思います。

▶ペア・ハウジング（2頭1組の子牛管理）

個体別管理と群管理、それぞれのメリットとデメリットに関して、ここまで書いてきましたが、コロナ禍での子育てに通じるものがあるなと感じました。コロナにかかるリスクを考えると、どこにも行かず、家に閉じこもって、誰にも会わないのが良いのかもしれません。しかし、それは子どもにとってつらいことです。大人はそれでも何とかなるのかもしれませんが、社会性を身につけなければならない時期の子どもにとって、これは大きな問題でした。コロナにかかるリスクと、社会性を身につけるというまったく別次元の二つのバランスをとることが、コロナ禍では求められました。感染リスクを最小限にしつつ、社会活動の維持をするにはどうしたら良いのか……、われわれは3年以上にわたって、この難問と向き合ってきましたが、子牛の飼養管理のアプローチに似ているかと思います。

今、子牛の飼養管理で注目されているのが、群管理と個体管理の中間の「ペア・ハウジング」というアプローチです。これは、子牛を2頭1組で飼う方法です。人間でいうと「寮での集団生活」ではなく、「友達と2人でルームシェア」するようなものかもしれません。子牛は「友達」と一緒にいることにより、お互いに刺激を与え合うため、スターターの摂取量が高くなり、増体速度も高まることが期待できます。感染リスクは多少高くなるかもしれません。1頭の子牛が風邪になれば、別の子牛に移す可能性はあります。しかし、一緒にいる子牛は1頭だけなので、そのリスクは低いはずです。

個体別に管理された子牛と、ペア・ハウジングで管理された子牛のスターター摂取量と増体速度を比較した研究データを**表 3-4-1** に示しました。哺乳期間全体で見たスターター摂取量に有意差はありませんでしたが、5週齢以降だけを見ると、ペア・ハウジングの子牛はスターターの摂取量が高くなりました。離乳移行期のスターター摂取量は、ペア・ハウジングの子牛で2倍以上になりました。それに呼応して増体速度も高くなっています。スランプに陥りやすい

表3-4-1 哺乳中のペア・ハウジングがスターター摂取量と増体に与える影響 (Miller-Cushon & DeVries, 2016)

	個体別管理	ペア・ハウジング
離乳前		
スターター摂取量、kg/日	0.023	0.079
増体速度、kg/日	1.1	1.0
離乳移行期		
スターター摂取量、kg/日*	0.20	0.46
増体速度、kg/日*	0.41	0.67

*有意差あり（$P<0.05$）

離乳移行期の増体がスムーズであったことは、ペア・ハウジングの大きなメリットと言えます。

興味深いことに、ペア・ハウジングの子牛は、スターターの食べ方にも違いが見られました。スターターの1日の摂取量は、1日に何回スターターを食べるのかと、1回当たりどれだけのスターターを食べるのかにより決まります。ペア・ハウジングの子牛は、採食回数が増えました。個体別管理の子牛が1日に4.6回しか採食しなかったのに対し、ペア・ハウジングの子牛は1日に8.0回もスターターを食べました（**表3-4-2**）。仲間の子牛が食べ始めれば、自分も食べたくなるのかもしれません。これだけ採食回数が多くなれば、スターターの摂取量が2倍になるのも不思議ではありません。

離乳後、すべての子牛は同じ条件（ペア・ハウジング）で飼養されましたが、離乳前に身についた「食習慣」は、離乳後も続きました。9週齢と12週齢時に1日当たりの採食回数と乾物摂取量をチェックしたところ、乾物摂取量に差はなかったにもかかわらず、採食回数に差があったのです。離乳するまでペア・ハウジングで飼養された子牛は、離乳後も1日当たりの採食回数が高くなりました。つまり、飼槽に何回も足を運んだのです。乾物摂取量に差がなかったた

表 3-4-2 哺乳中のペア・ハウジングがスターターの食べ方に与える影響 (Miller-Cushon & DeVries, 2016)

	個体別管理	ペア・ハウジング
6 週齢（離乳前）		
採食回数、/日*	4.6	8.0
乾物摂取量、kg/日*	0.062	0.170
9 週齢（離乳後）		
採食回数、/日*	12.8	14.3
乾物摂取量、kg/日	5.6	5.2
12 週齢（離乳後）		
採食回数、/日*	13.7	16.3
乾物摂取量、kg/日	8.5	8.2

*有意差あり（P<0.05）

め、1回当たりの採食量が減ったと推定できますが、これはアシドーシスになりにくい採食行動と言えます。幼少期の管理方法が、採食行動パターンに長期的な影響を与えるというのは、「三つ子の魂百まで」という諺を思い出させます。

最近、学会で発表されたフロリダ大学の試験では、哺乳中のペア・ハウジングの長期的な影響について調べました。この試験では、9週齢まで個体別（19頭）か2頭1組（36頭18組）で飼養管理を行ない、その後、授精期の12カ月齢まで同じ条件下で飼養し、子牛の成長をモニタリングしました。試験結果は**表 3-4-3**のとおり、体重や繁殖面での差は見られませんでしたが、授精時期になっても、体高の差が消えていないことがわかります。体重に差がなかったのに、体高で差が出たということは、離乳前の飼養管理がフレーム・サイズに長期的な影響を与え得ることを示しています。

表 3-4-3　哺乳中のペア・ハウジングの長期的な影響（Lindner et al., 2022）

	哺乳中、個体別管理	哺乳中、ペア・ハウジング
体重、kg	288	294
体高、cm*	128.0	129.3
授精開始日齢	344	340
発情スコア	2.2	2.2

*傾向差あり（$P<0.07$）

▶まとめ

一昔前、群管理は子牛にとってストレスになるのでは、と心配する人もいましたが、少し考えてみると、群管理そのものは子牛にとって自然のことです。確かに、群管理では、下痢や肺炎など感染症の「クラスター」が発生しやすくなるかもしれません。そのため、農場では哺乳中の子牛を個体別で管理することが一般的です。子牛の個体別管理は、それはそれで理にかなった飼養管理方法ですが、子牛同士が学び合う機会を奪っていることになります。

感染症のリスクをできるだけ最小限にしながら、子牛の「社会性」を育むという視点から、哺乳中から２頭１組で飼養する「ペア・ハウジング」が注目されています。ペア・ハウジングは、いわば「バブル方式」のマネージメントと言えるかもしれません。スターターの摂取量を高められるなど、群管理のメリットを活かしつつ、感染クラスターのリスクを最小限に抑えられる方法です。

第4部

ここはハズせない
離乳移行期の栄養管理の基礎知識

第１章　離乳移行期の子牛を理解しよう

ヒトをはじめ哺乳類は皆、生まれてからしばらくの間は乳のみで育てられ、その後、離乳を経験します。しかし、反芻動物であるウシにとって、離乳とは単なる「乳離れ」ではありません。大げさな言い方になりますが、単胃動物から反芻動物への「変態」を意味します。「変態」というのは、青虫が蝶になる、おたまじゃくしがカエルになるという、次元の異なる変化です。離乳前は、単胃動物として、乳に含まれる糖（乳糖）を主なエネルギー源として小腸で消化して体内に吸収していました。しかし、離乳後は、ルーメンで微生物が作った発酵酸からブドウ糖を作らなければなりません。タンパク質の消化に関しても大きな変化を経験します。離乳前は、代用乳であれ全乳であれ、ミルクに含まれるタンパク質を胃や小腸で消化していました。しかし、反芻動物としての主なタンパク源となるのはルーメン微生物です。離乳後は、ルーメンで“飼った”微生物を消化して、アミノ酸として吸収します。このような大きな変化を考えると、子牛にとっての離乳は、人間の常識で考える「乳離れ」とはまったく異なる意味を持つことがわかります。

しかも、乳用子牛の場合、誕生後かなり早い段階で離乳させます。自然環境下で、ウシは生まれてから６～８カ月くらいの長い期間をかけて離乳していきます。しかし、基本的に、ミルクは農場において最も高価な飼料です。必要最小限の哺乳期間で、離乳へと導いていかなければなりません。「離乳時期を自然より早める」ためには、離乳しても問題ないように工夫し、離乳の用意が十分にできていることを確認する必要があります。何も考えずにムリな離乳をすれば、子牛の成長は停滞しますし、成長の遅れを取り戻すのは大変です。

さらに、乳用子牛の場合、離乳時に変わるのは食べ物だけではありません。飼養環境も大きく変わる場合が多々あります。離乳前はカーフ・ハッチや小さなペンで個体別で管理している農場が多いと思いますが、離乳を機にグループ管理へと移行します。グループ管理そのものは子牛にとって問題とはなりませんが、グループ移行への方法を間違えると、飼養環境の変化はストレスの原因となり得ます。人間でいうと、保育園や幼稚園に入るようなものでしょうか。ワクワクする変化かもしれませんが、スムーズな成長のためには、いろいろな配慮が必要です。

乳牛の飼養管理では「移行期」という言葉があり、多くの場合、分娩移行期を指します。そして「移行期の管理は大事だ」というセリフは皆さんも頻繁に聞かれると思います。乳牛は分娩移行期に大きな変化を経験しますが、その変化に上手くついていけない牛は、さまざまな代謝障害を経験することになります。そのため、分娩移行期の管理は大切だとされています。しかし「変化」という視点から考えると、分娩移行期と比べ物にならないくらいの大きな変化を、離乳移行期の子牛は経験します。離乳移行期の栄養管理を成功させるために考慮しなければならないのは、離乳のタイミング（時期・方法）だけではありません。離乳後の主な栄養源となる穀類や粗飼料をどのように給与すれば良いのか、グループ管理へスムーズに移行するにはどうしたら良いのかなども考えなければなりません。しかし、その前にまず「離乳移行期の子牛」がどのような動物なのかをしっかり理解する必要があります。具体的に考えてみましょう。

▶消化能力

離乳移行期の栄養管理を考えるとき、子牛の消化能力に配慮する必要があります。スターターや粗飼料から十分な栄養を摂取できる準備ができていなければ、離乳後の成長は停滞してしまうからです。哺乳量を高める栄養管理を実践すると、センイ（NDF）を消化する能力を高めるのに時間がかかることを示す研究データがあります。ここで、代用乳の給与量に応じて子牛を二つのグループに分け（中・高）、消化率の変化を評価した研究データを紹介したいと思います。

代用乳給与量 中：5～39日齢まで代用乳（乾物）を640～660g/日
その後3～7日間は、50%に減量
代用乳給与量 高：35～44日齢まで代用乳（乾物）を920～1070g/日
その後5～7日間は、50%に減量

消化率のデータを**表4-1-1**に示しました。離乳後のデンプン消化率はすぐに95%以上になり、離乳前の代用乳の給与量による差は見られませんでした。しかし、代用乳を多く給与された子牛は、NDF消化率を高めるのに、離乳後約8週間を要しました。離乳したからといって、子牛は自動的に反芻動物になるわけではありませんし、粗飼料からエネルギーを得るための消化・吸収能力をすぐに獲得できるわけでもありません。改めて述べるまでもなく、時間が必要です。離乳直後の栄養管理を考えるうえで、子牛の消化能力には十分に配慮する必要があります。

表4-1-1 代用乳給与量がNDFとデンプンの消化率に与える影響
(Hu et al., 2020)

	代用乳給与量 中	代用乳給与量 高
NDF消化率		
8週齢*	53.9	43.8
11～13週齢*	54.8	45.8
16週齢	66.3	65.6
デンプン消化率		
8週齢	95.7	95.5
11～13週齢	96.0	95.3
16週齢	95.9	96.1

*有意差あり（$P<0.05$）

最近の研究は、子牛の消化率がどれだけ高まっているかに関して、誕生後のNFC（非センイ炭水化物：デンプンや糖）の累積摂取量が目安になることを示唆しています。これは、スターターの累積摂取量ではなく、NFCの累積摂取量です。NFCの累積摂取量が10kg以下の子牛の場合、スターター消化率には0%から90%までの大きなバラつきがあります。しかし、NFCの摂取量が増えるにつれ、消化率が急激に高くなり、累積NFC摂取量が15kgに達した後は消化率は80%以上になり、バラつきも少なくなります。そのため、離乳時に累積NFC摂取量が15kgに達していることが一つの目安になるとされています。

スターターのNFC濃度には、飼料メーカーにより、ある程度のバラつきがあるため、少し計算が必要です。もしNFC含量50%のスターターであれば、生まれてからのスターターの合計摂取量が30kg（＝15/0.50）に達したときに、離乳しても問題のない消化能力を持つに至ると考えられます。その一方で、NFC含量37.5%のスターターであれば、スターターの合計摂取量は40kg（＝15/0.375）必要になると計算できます。極端な例として、NFC含量25%のスターターであれば、スターターの合計摂取量は60kg必要です（＝15/0.25）。子牛の消化率がどれだけ高まっているかを知るためには、スターターの摂取量だけではなく、どういうスターター（NFC含量）を食べているかもチェックする必要があります。

子牛の消化能力を高める一つの方法は、「待つ」ことかもしれません。待ちさえすれば、すべての子牛は、そのうち十分な消化能力を身につけてくれることでしょう。しかし、子牛の成長には個体差があります。8週齢になっても何らかの理由でスターターの摂取量が高まっていない子牛もいれば、6週齢でしっかりとスターターを食い込んでいる子牛もいるはずです。週齢（日齢）だけを見て離乳させれば、手間は省けるかもしれませんが、チャンスを見逃している可能性が大いにあります。消化器官の準備がきちんとできていれば「早期離乳」しても、何の弊害もないはずです。

▶肝臓の馴致

離乳の準備ができているかどうかを考えるとき、よく話題になるのが「ルーメンの発達」です。それは間違いではありませんが、もう一つ見逃してはならない臓器があります。肝臓です。単胃動物である哺乳中の子牛と、反芻動物である離乳後の子牛とでは、肝臓の役割が大きく違うからです。ルーメン、小腸、大腸などの消化器官へ行った血液が次に向かう臓器が肝臓です。門脈から肝臓に入ってくる血液は、多くの栄養分を含みますが、単胃動物と反芻動物とでは、血糖値に大きな違いがあります。

単胃動物の場合、小腸で糖を吸収できるので、肝臓には血糖値の高い血液が流れ込みます。血糖値の高過ぎる血液を通過させては問題なので、肝臓は糖を取り込んで、グリコーゲンや脂肪の形で、肝臓にエネルギー源を一時的に溜めようとします（**図 4-1-1**）。哺乳中の子牛も同じです。小腸で糖を吸収するからです。それに対して、反芻動物の場合、炭水化物がルーメン微生物の力により発酵してしまうため、吸収される糖の量が非常に少なく、肝臓には血糖値の低い血液が常に流れ着くことになります。この場合、肝臓の仕事は正反対です。血糖を一時的に溜めるのではなく、血糖を作り出さなければなりません（**図 4-1-2**）。少し堅苦しい話になりましたが、離乳移行期に、肝臓に求められる仕事が激変するわけです。

図 4-1-1 離乳前の子牛のグルコース（血糖）の流量（肝臓は血糖値を下げる）

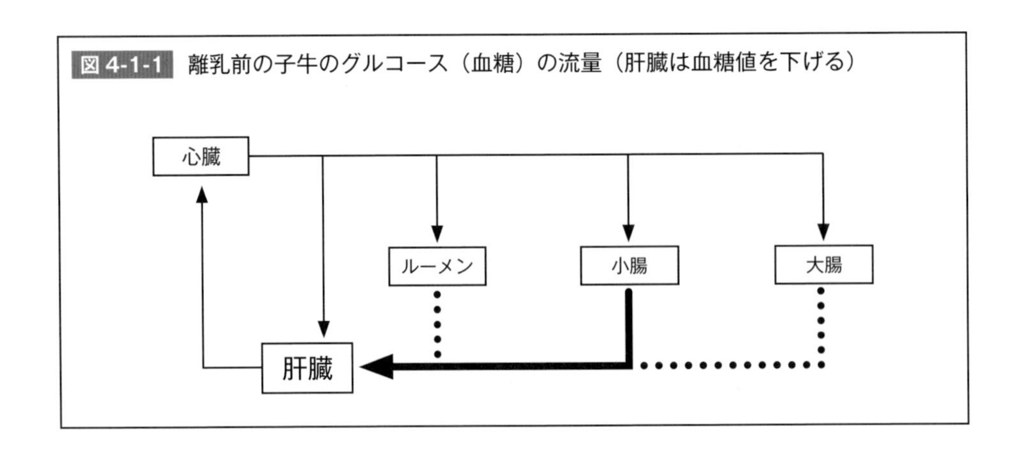

それでは、離乳に向けて肝臓を「鍛える」には、どうすれば良いのでしょうか。これもルーメンを発達させるのと同じく、スターターをしっかり食わせることがポイントになります。ルーメン微生物が生成する発酵酸の一つであるプロピオン酸が、肝臓で血糖を作る材料となるからです。スターターをしっかり食い込んでいる子牛であれば、たくさんのプロピオン酸を血液中に吸収しているため、肝臓は「血糖を作る」という離乳の準備ができます。

タンパク質の消化・吸収の面でも、離乳移行期の子牛は大きな変化を経験します。これまでは、ルーメンをバイパスする乳タンパクを消化し、そのアミノ酸を吸収していました。子牛がミルクを飲むときには、ルーメンと第二胃の境界にある食道溝という溝が反射的に閉じて管になります。そのため、子牛が飲んだミルクのほとんどは食道から第三胃に直接流入します。物理的にルーメンをバイパスするわけです。しかし、スターターや粗飼料を摂取したときには、食道溝が閉じることはなく、摂取した飼料はルーメンに入ります。ルーメンに入ったタンパク質は微生物により分解され、分解されてできたアンモニアやアミノ酸、ペプチドから微生物タンパクが再合成されます。そして、反芻動物は、その微生物タンパクを消化してアミノ酸を吸収します。

哺乳中であれ、離乳後であれ、子牛が体内に吸収するのはアミノ酸なので、アミノ酸の使い方に大きな違いはないかもしれません。しかし、子牛が摂取し

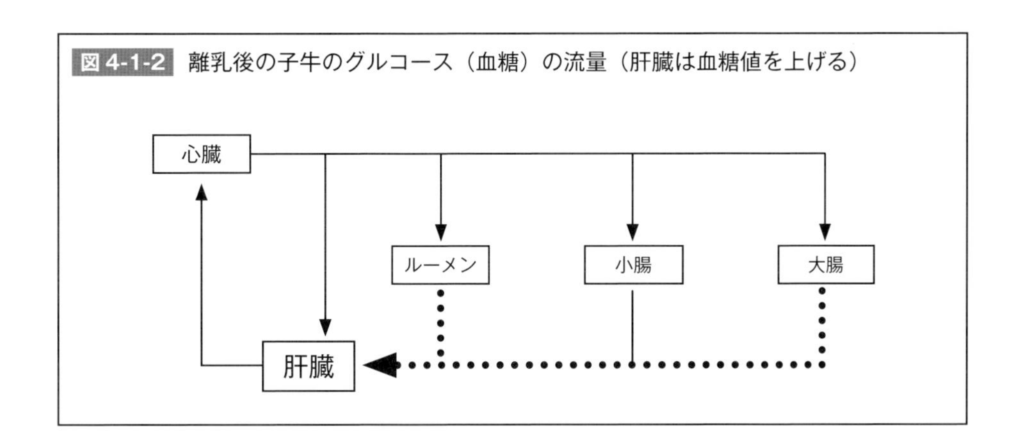

第4部　ここはハズせない離乳移行期の栄養管理の基礎知識

たタンパク質がルーメンで一度分解されてしまうという事実は、肝臓の役割に大きな影響を与えます。ミルクを飲んでいる子牛の場合、摂取した粗タンパクが代謝タンパクになる効率は95％です。非常に効率的です。ムダになるタンパク質はほとんどありません。しかし、ルーメン機能を持った離乳後の子牛、言い換えると反芻動物の場合、粗タンパクから代謝タンパクを作る効率は70％程度に低下します。ムダになってしまうタンパク質が25ポイントも増えるわけです。乳タンパクより植物性のタンパクのほうが消化率が低いというのがその理由の一つかもしれません。しかし、一番大きな理由は、ルーメンでタンパクが一度分解されてしまうことにあります。

最終的にルーメンで微生物タンパクが作られるものの、子牛が固形飼料から摂取したタンパク質はルーメン内で一度バラバラになります。そのときに、どうしてもムダになる部分（微生物タンパクになれなかったアンモニア）が出てしまい、アンモニアが血液中に吸収されます。アンモニアは毒です。吸収されたアンモニアが体中に回らないように、肝臓は解毒しなければなりません。代用乳・乾草・スターターを給与された子牛と、代用乳と乾草だけを給与された同週齢の子牛を比較した試験によると、スターターを給与された子牛は、肝臓の尿素サイクル（アンモニアを解毒して尿素を作る）の働きを担う遺伝子の発現が高くなりました。つまり、スターターの摂取により、肝臓のアンモニア解毒能力が高まったのです。これも、スターターをしっかり食わせることにより肝臓の馴致ができることを示す、もう一つの例と言えます。

▶群管理への移行

離乳移行期の子牛が経験するもう一つの変化は、飼養環境です。哺乳中は、カーフ･ハッチなどで個体別に管理されていた子牛でも、離乳を機にスーパー･ハッチやペンなどでのグループ管理へ移行します。第3部で述べましたが、群管理そのものは子牛にとってストレスになるわけではありません。しかし、これまで1頭ずつ管理されていた子牛が群管理へと移行する場合、その移行がスムーズにいくように配慮してやる必要があります。さらに、離乳を機に、ほかの農場へ「里子に出される」子牛もいます。飼養環境が整った農場へ行くことは、長期的には子牛にとってプラスになるかもしれません。しかし、移送に伴うストレス、環境の変化に伴うストレスは、一時的に子牛にとって大きな負担になることが考えられます。

▶まとめ

離乳移行期の子牛の飼養管理を成功させるうえで、子牛が経験する二つのストレスを考慮することは重要です。

一つ目のストレスは、食べるものが大きく変わることに伴うストレスです。乳用子牛の場合、離乳時期をかなり早めるため、十分な配慮が必要です。ルーメンの馴致、肝臓の馴致がきちんとできていれば、このストレスは軽減できます。

二つ目のストレスは、飼養環境の変化に伴うストレスです。これもマネージメント面でのアプローチしだいでストレスを大きく軽減できます。離乳移行期の飼養管理を上手くこなせれば、子牛の持つ潜在能力を最大限に引き出せるため、マネージメントの真価が問われる時期と言えます。

それでは、離乳移行期の栄誉管理・飼養管理で注意したい点を具体的に考えていきましょう。

第２章　離乳のタイミングを理解しよう

乳用子牛の理想の離乳時期に関しては、いろいろな意見があります。なるべく早く、生まれてから６週後には離乳させたほうが良いと言う人もいれば、３カ月くらいしてから離乳させている人もいます。離乳のタイミングを早めるメリットは経済性です。ミルクは酪農家にとって「売り物」であり、子牛にいつまでも飲ませていては、飼養コストがかかり過ぎます。代用乳を飲ませている農場でも、代用乳は最もコストの高い飼料の一つです。離乳時期を早めることができれば、後継牛の飼養コストを下げることができます。さらに、ウシは反芻動物です。早期離乳は反芻動物にとって一番重要な消化器官であるルーメンを発達させることにも貢献します。

それに対して、離乳のタイミングを早めるデメリットは、子牛側に離乳の準備ができていない可能性があることです。自然の環境下では、生まれてから６カ月ほどしてから離乳が始まり、個体差はあるものの８カ月齢くらいで完全に離乳します。子牛は、かなり長期間にわたりミルクから栄養を摂取しようとしているわけです。固形飼料に含まれる栄養分を消化・吸収できる準備が整っていないのに、ムリヤリ早期離乳をすれば、子牛には大きなストレスや負担がかかります。

離乳の理想のタイミングはいつでしょうか。早期離乳のメリットを最大にし、デメリットを最小限に抑えるポイントはどこでしょうか。具体的に考えてみましょう。

▶ 6 週齢 vs. 8 週齢

最初に、6 週齢での離乳と 8 週齢での離乳を比較した研究の内容を紹介したいと思います。この研究では、1 日 8ℓの代用乳を飲ませる栄養管理で、理想の離乳時期はいつかを評価しました。試験で使われた代用乳は、26% CP、16%脂肪のもので、濃度は 150g/ℓです。1 日 8ℓの給与は、代用乳の乾物では 1 日当たり 1200g の給与量になります。

生後 3 日間は 6ℓ/日、生後 4 ～ 6 日は 7ℓ/日、その後は 8ℓ/日の給与を行ないました。そして、10 頭の子牛は 6 週齢で離乳させました。36 日齢から 42 日齢まで 4ℓ/日に哺乳量を減らし（離乳移行期）、43 日齢で完全離乳しました。それに対して、別の 10 頭の子牛は 8 週齢で離乳させました。50 日齢から 56 日齢まで 4ℓ/日に哺乳量を減らし（離乳移行期）、57 日齢で完全離乳しました。試験期間中を通じて、スターターは 1 日 1 回給与、オーツ・ワラは 3cm に切断して 1 日 1 回給与で、いずれも飽食させました。

試験結果を**図 4-2-1 ～ 4-2-5** に示しましたが、X 軸は時間の経過で、離乳日を起点にした週を示しています。「－ 3」は離乳日の 3 週間前で、「＋ 2」は離乳してから 2 週目のデータになります。なお、「－ 1」は離乳日の 1 週間前ですが、この週は離乳移行期で、哺乳量は 1 日 4ℓです。「＋ 1」は完全離乳直後の 1 週間のデータです。

まず、スターターの摂取量の変化を見てみましょう（**図 4-2-1**）。離乳時の週齢に関わりなく、スターターの摂取量は、離乳移行期の開始とともに急増していることがわかります。しかし、8 週齢で離乳した子牛のほうが、スターター摂取量の増え方は大きくなりました。

次に、粗飼料（オーツ・ワラ）の摂取量の変化を見てみましょう（**図 4-2-2**）。8 週齢で離乳した子牛は、離乳移行期の前から粗飼料の摂取量が自然に上

図 4-2-1　離乳時の週齢がスターターの摂取量に与えた影響（Eckert et al., 2015）

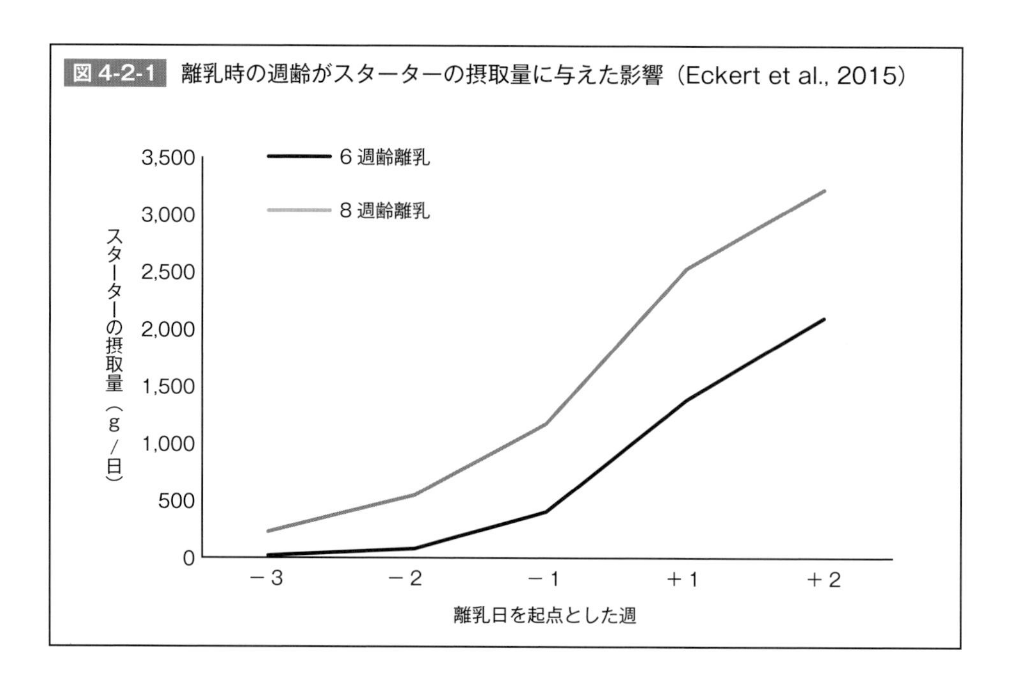

昇していました。それに対して、6 週齢で離乳した子牛は、離乳移行期に入ってから粗飼料の摂取量が少し増えましたが、離乳後、粗飼料の摂取量はそれ以上増えませんでした。離乳時に、ある程度の粗飼料を摂取し始めたのに、その

図 4-2-2　離乳時の週齢がオーツ・ワラの摂取量に与えた影響（Eckert et al., 2015）

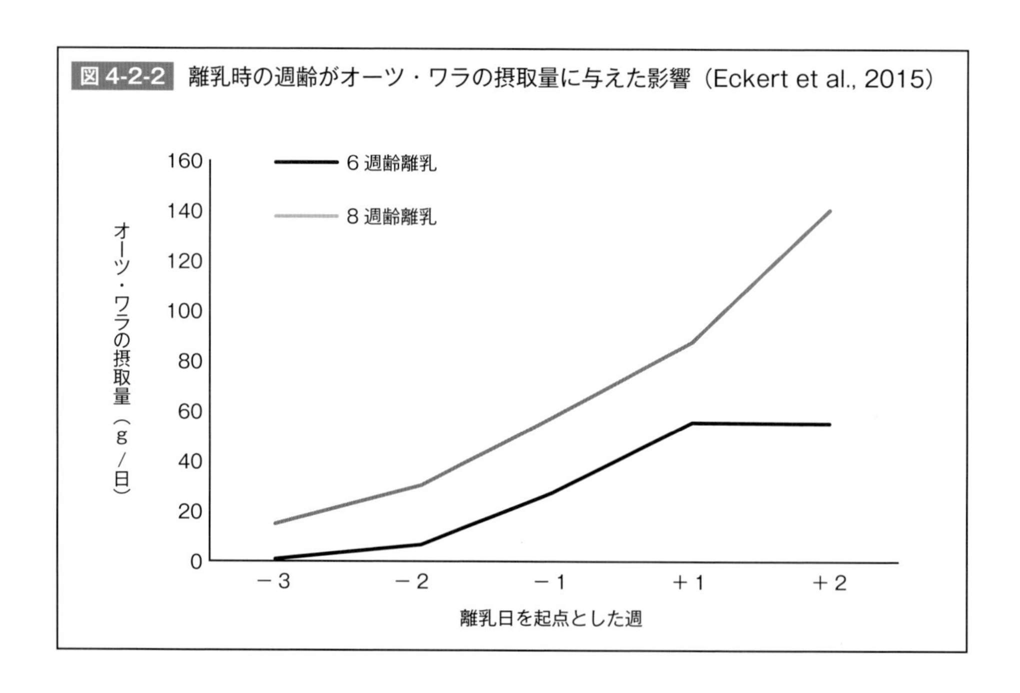

後増えていかなかったという事実は、6 週齢ではルーメン機能の準備ができておらず､粗飼料を消化できるような状態になっていないことを示唆しています。

それでは、エネルギーの合計摂取量はどのように変化したのでしょうか（**図 4-2-3**）。離乳時の週齢に関わりなく、代謝エネルギーの摂取量は、離乳移行期（－1）に減少しました。しかし、8 週齢で離乳した子牛は、完全離乳をした後、代謝エネルギーの摂取量がさらに大きく減少することはありませんでした。約 1 週間で「離乳」という人生の大転換期に対応できたのです。それに対して、6 週齢で離乳した子牛は、離乳移行期の 1 週間だけではなく、完全離乳をした後の 1 週間も、合計 2 週間にわたって代謝エネルギーの摂取量が減少し続けました。離乳というストレスに対応し切れていないことが理解できます。

図 4-2-3 離乳時の週齢が代謝エネルギー摂取量に与えた影響（Eckert et al., 2015）

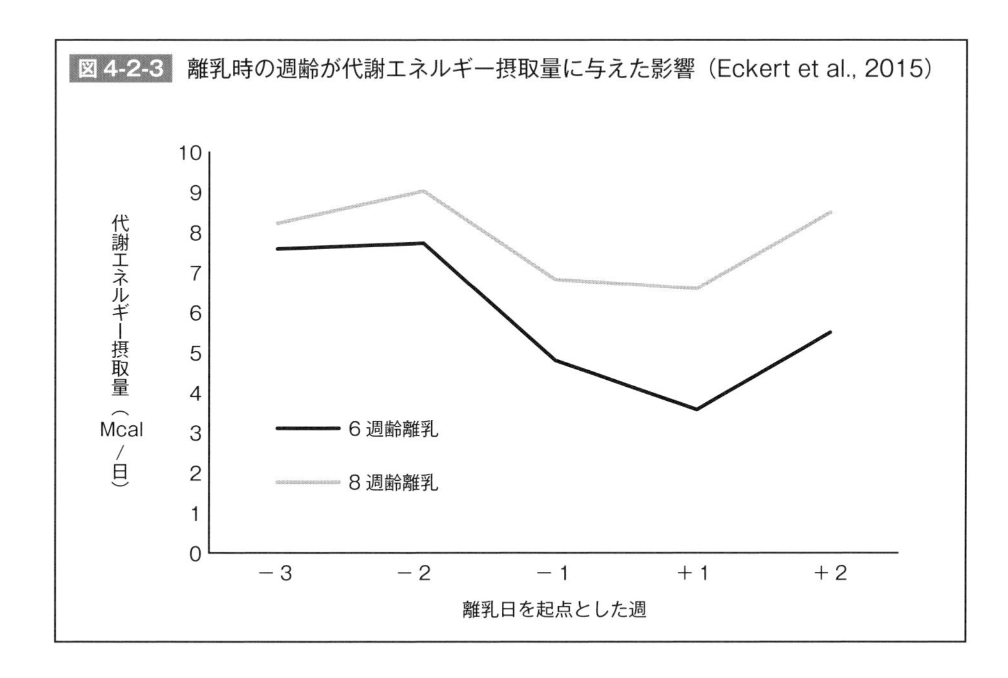

子牛の増体速度の変化も、代謝エネルギーの摂取量の変化と同じような反応を示しています（**図 4-2-4**）。8 週齢で離乳した子牛は、離乳時にも増体速度が大きく低下していませんが、6 週齢で離乳した子牛は、離乳前後の 2 週間にわたり増体速度が一時的に低下しています。離乳によるストレスがかなり大きいことを理解できます。

図 4-2-4　離乳時の週齢が増体速度に与えた影響（Eckert et al., 2015）

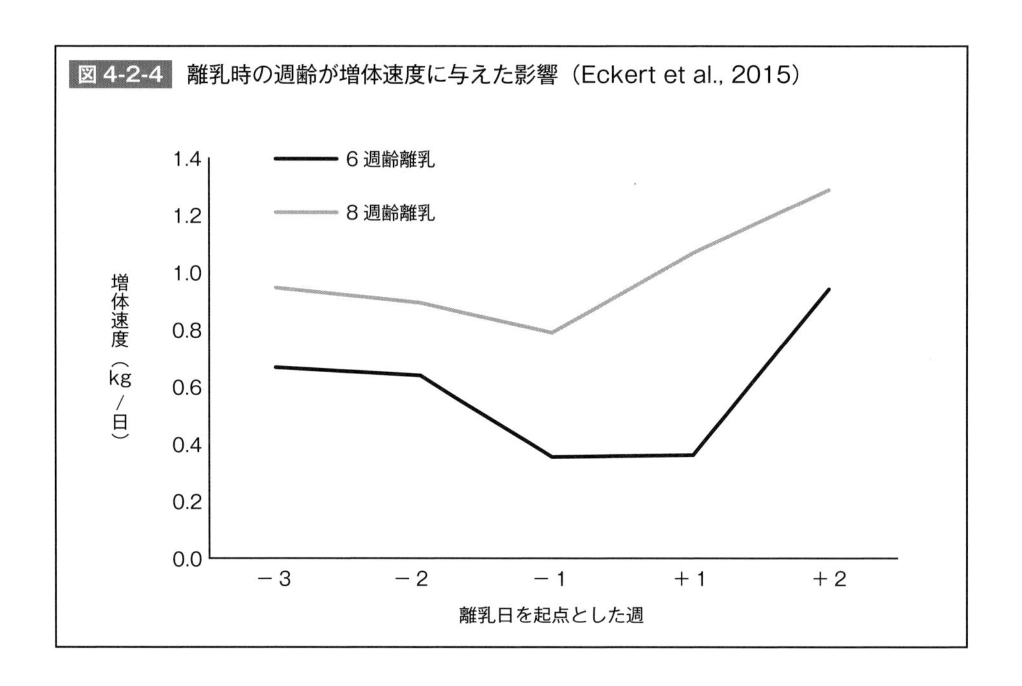

哺乳中、子牛の主なエネルギー源は脂肪と乳糖です。しかし、離乳後はデンプンが子牛にとってのエネルギー源となります。離乳時にデンプンを消化・吸収できる状態になっているのか、というのも大切なポイントになります。**図 4-2-5** に糞のデンプン含量を示しました。離乳時の週齢に関わりなく、糞のデンプン含量は離乳後に増えていることがわかります。これはデンプンの摂取量が増えるためであり、自然な現象だと言えます。しかし、8週齢で離乳した子牛よりもスターターの摂取量（＝デンプン摂取量）が低かったにもかかわらず、6週齢で離乳した子牛は糞のデンプン含量がより多く増えています。これは未消化のデンプンが糞中により多く排泄されたことを意味しており、ルーメンでデンプンを発酵させ消化する力が弱かったからではないか、と考えられます。6週齢の消化器官には、離乳に対応する用意ができていないのかもしれません。

この試験では、哺乳量を高めて（8ℓ/日）成長初期の栄養状態を高めるという、高栄養哺乳のアプローチが取られました。この場合、子牛は代用乳から十分な栄養を摂取できているので、スターターの摂取量は低くなります。これは離乳

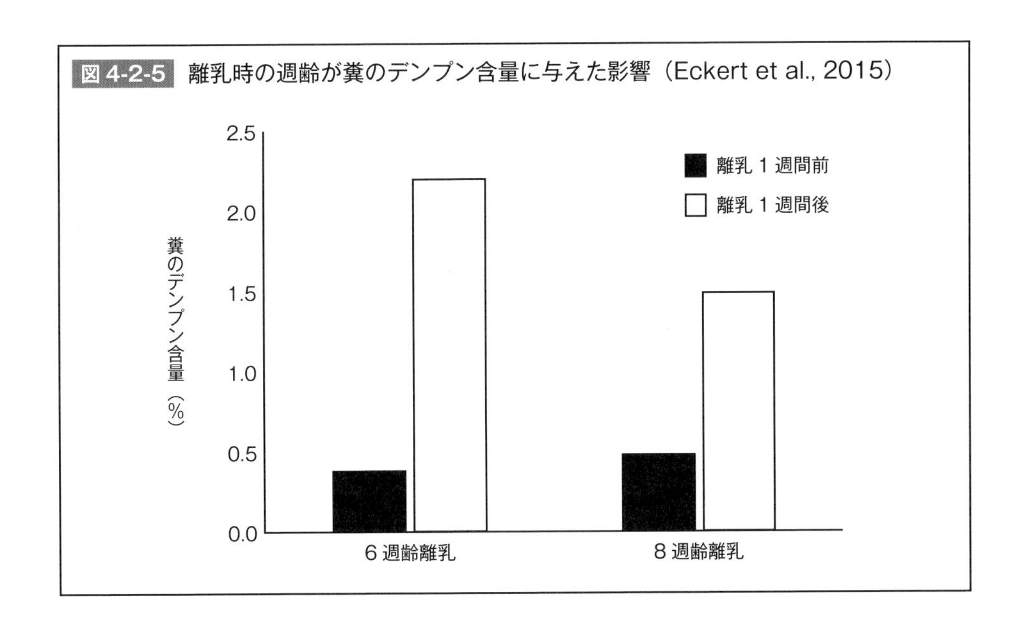

に対応するための消化器官の準備が遅れてしまうことを意味します。そのため、6週齢での離乳は、子牛に大きなストレスをかけることになりました。しかし、8週齢での離乳の場合、消化器官は「離乳」という大きな変化に十分に対応でき、順調に増体を続けることができました。

離乳には二つのアプローチがあります。一つ目は、「スターターの摂取量に応じて、哺乳量を減らす」という方法です。二つ目は、「日齢に応じて、哺乳量を減らし、スターターの摂取量が増えることを期待する」というアプローチです。後者の離乳アプローチは、8週齢の子牛には問題のない離乳方法かもしれませんが、6週齢の子牛には大きなストレスがかかります。高栄養哺乳の栄養管理を実践している場合、6週齢での離乳は難しいかもしれません。

哺乳量を制限することで、スターターの摂取量を増やし、ルーメン機能を早期に高めようとする低栄養哺乳の栄養管理プログラムなら、6週齢での離乳も可能かもしれません。しかし、このアプローチを取る場合、週齢に応じて離乳させるのではなく、スターターの摂取量が一定に達してから離乳させることを検討すべきです。子牛の消化器官の発達具合には、大きな個体差があります。

6週齢では離乳に対応できる状態になっていない子牛もいるはずです。自然の環境下での離乳時期は生後6カ月経過してからだということを覚えておく必要があります。「早期離乳」は人間側の都合で出てきた概念であり、それぞれの子牛が離乳に対応できる状態になっているかどうかを確認することが求められます。

▶離乳移行期の長さ

離乳移行期の子牛のストレスを軽減するために重要なのは、いつ離乳するかに加えて、どれくらいの期間をかけて離乳するかを考えることです。ここで、離乳移行期の長さが子牛の発育に及ぼす影響を評価した研究を紹介したいと思います。この試験では，低温殺菌した全乳を最大1日12ℓ給与し、41日齢で離乳させました。離乳移行期間として、0日・4日・10日・22日の四つを比較しました。「22日の離乳移行期間」の場合、19日齢から22日間かけて、1日当たり0.55ℓずつ哺乳量を減らしました。「10日の離乳移行期間」の場合、31日齢から10日間かけて、1日当たり1.2ℓずつ哺乳量を減らし、「4日の離乳移行期間」の場合、37日齢から4日間かけて、1日当たり3.0ℓずつ哺乳量を減らしました。「0日の離乳移行期間」の場合、41日齢で哺乳を突然中止しました。

子牛のスターター摂取量や発育データを、完全離乳前の3週間と完全離乳した後の9日間に分けて、**表4-2-1**にまとめました。離乳移行期間が22日与えられた子牛は、離乳前の増体速度が最も低くなりました。19日齢から哺乳量を少なくしても、スターターの摂取量が高くならなかったからです。ルーメンの準備ができていないのにもかかわらず哺乳量を少なくしたため、エネルギーの摂取量が低下したと推察されます。

それに対して、離乳移行期間をまったく与えられず、いきなり離乳させられた子牛は、離乳するまでの増体速度は最も高かったものの、離乳直後の9日間で体重が2kg近く減少しました。離乳直後の3日間、スターターの摂取量は

表 4-2-1 離乳移行期の長さが子牛に与えた影響（Sweeney et al., 2020）

	離乳移行期間			
	0 日	4 日	10 日	22 日
完全離乳前の 3 週間（19 ～ 40 日齢）				
スターター摂取量、kg/日	0.1^{b}	0.1^{b}	0.3^{a}	0.3^{a}
増体速度、kg/日	1.06^{a}	0.75^{b}	0.83^{b}	0.50^{c}
完全離乳後の 9 日間（41 ～ 49 日齢）				
スターター摂取量、kg/日	0.7^{b}	1.0^{ab}	1.2^{a}	1.2^{a}
増体速度、kg/日	− 0.21^{c}	0.10^{bc}	0.23^{ab}	0.51^{a}
49 日齢の体重	80.2^{a}	73.2^{b}	82.9^{a}	72.2^{b}

^{abc} 同行内の上付き文字の異なる数値には有意差あり（$P<0.05$）

急激に増えましたが、その後の数日間の摂取量は停滞しました。離乳させられるまで毎日 12ℓのミルクを飲み、ほとんどルーメンを使っていなかったため、ルーメンの準備ができていなかったと考えられます。ルーメン機能が不十分なのに、急に「濃厚飼料」をたくさん摂取しようとしたため、ルーメンがアシドーシス状態になったのかもしれません。

19 日齢から哺乳量を減らし始めたり（離乳移行期間：22 日）、昨日 12ℓのミルクを与えていたのに今日はゼロにする（離乳移行期間：0 日）というのは、研究目的の極端な事例です。通常の子牛管理では存在しない選択肢かもしれません。しかし、ここで注目したいのは、離乳移行期間が 4 日と 10 日だった子牛の比較です。離乳前のスターター摂取量と増体速度、離乳後のスターター摂取量と増体速度は、いずれも離乳移行期を 10 日与えられた子牛のほうが高い傾向が見られました。離乳移行期間が 10 日だった子牛は、1 日当たり 1.2ℓずつ哺乳量が減らされていきましたが、スターターの摂取量を高めていくことで十分に対応できる、適度な離乳プログラムであったと考えられます。

この試験が行なわれた条件はかなり極端です。1日12ℓの全乳給与という超高栄養哺乳プログラムもそうですが、41日齢での完全離乳も、かなりの早期離乳です。高栄養哺乳プログラムの場合、スターターの摂取量が高くなるのが遅いため、8週齢くらいで離乳するケースが多いと思います。その場合、必ずしも10日の離乳移行期間は必要ないかもしれません。しかし、離乳ターゲットの週齢に関わりなく、少なくとも7日くらいの離乳移行期間を持ち、スターターの摂取量をスムーズに高めていけるように配慮する必要があります。

▶スターター摂取量と離乳のタイミング

子牛のスターター摂取量は、ルーメンや肝臓の発達と関係があり、離乳の準備ができているかどうかの目安となります。離乳移行期にスターター摂取量が高い子牛は、離乳にスムーズに対応できますが、スターター摂取量には大きなバラつきがあります。一般的に、哺乳量が多ければスターター摂取量が低くなる傾向がありますが、それは平均値を比較した場合の話です。哺乳量が少ないのに離乳移行期のスターター摂取量が500g/日以下の子牛もいれば、哺乳量が多いのに離乳移行期のスターター摂取量が1500g/日を超えている子牛もいます。かなりの個体差です。

子牛の離乳方法に関しては、日齢に応じて離乳させる方法が一般的かもしれません。ある一定の日齢に達したときに、一律に離乳させるのは簡単ですが、子牛には大きな個体差があります。早い段階で離乳の用意ができている子牛もいれば、一定の日齢に達しても用意ができていない子牛もいます。ここで、「離乳のタイミングを決めるにあたって、日齢だけでなくスターターの摂取量も考慮すべきだ」という考えに基づいて行なわれた研究を紹介したいと思います。

この試験では108頭の子牛を使い、生後2日目から9頭1グループで管理しました。すべての子牛は、30日齢まで12ℓ/日の殺菌全乳が自動哺乳機で給与されました。そして、その後3日間かけて、殺菌全乳の給与量を、これまでの実際の摂取量の75％に減らしました（これまで1日12ℓ飲んでいた子牛には9ℓ/日、1日10ℓしか飲めなかった子牛には7.5ℓ/日を給与）。この試験で比較したのは、その後の離乳のタイミングです。一つ目は「日齢に応じた離乳」、二つ目は「固形物摂取量に応じた離乳」、三つ目は「組み合わせ」です。ちなみにスターターは、フレーク＆ペレット・タイプでCP20％のものが自動給飼機で給与されました。

- 日齢に応じて離乳
  スターターなどの摂取量に関係なく、全乳の給与量を62日齢まで変えず、その後、8日間かけて徐々に給与量を減らして70日齢で完全離乳。
- 固形物摂取量に応じて離乳
  直近3日間の固形飼料の乾物摂取量（スターターと乾草の合計）の平均が200g/日を超えれば、全乳の給与量を25％減らす（30日齢までの乳摂取量の50％）。固形飼料の乾物摂取量の平均が600g/日を超えれば、全乳の給与量をさらに25％減らす（30日齢までの乳摂取量の25％）。固形飼料の乾物摂取量の平均が1150g/日を超えれば完全離乳。
- 日齢と摂取量の組み合わせ
  直近3日間の固形飼料の乾物摂取量（スターターと乾草の合計）の平均が200g/日を超えれば、全乳の給与量を減らし始め、70日齢で完全離乳。減らし方は日齢しだい（例：50日齢で200g/日を摂取した子牛は20日かけて5％/日ずつ減らす。60日齢で200g/日を摂取した子牛は10日かけて10％/日ずつ減らす）。

スターターの摂取量が少なく、上記の固形飼料摂取量の目標値に達しない子牛もいます。「固形飼料摂取量」に応じて離乳させようとした35頭の子牛のうち3頭は62日齢までに「200g/日」という条件をクリアできず、5頭は65日齢までに「600g/日」、68日齢までに「1150g/日」という条件をクリアできませんでした。同様に、「日齢と摂取量の組み合わせ」で離乳させようとした35頭の子牛のうち2頭は、62日齢になるまでに「200g/日」の条件をクリアできませんでした。これら62日齢までに「200g/日」に達しなかった子牛、65日齢までに「600g/日」に達しなかった子牛、68日齢までに「1150g/日」に達しなかった子牛は、固形飼料摂取量に応じて離乳するのをあきらめ、70日齢で完全離乳させられるように徐々に乳の給与量を減らしていきました。条件をクリアできなかった合計10頭の子牛は、計画していた「摂取量に応じた離乳」ができなかったため、データを別扱いにしました。

離乳移行期（31日齢から69日齢）のデータを**表4-2-2**に示しましたが、固形飼料の摂取量に応じて離乳させた子牛は、乳摂取量が低く、スターターと乾草・TMRの摂取量が高く、増体速度は最も高くなりました。離乳直後（70日齢から84日齢）のデータを**表4-2-3**に示しましたが、「固形飼料の摂取量に応じて離乳」させた子牛と「日齢と摂取量の組み合わせで離乳」させた子牛は、スターターの摂取量が高く、試験終了時（84日齢）の体重も高くなりました。

しかし、これは順調にスターターなどの摂取量を高められた子牛のみの結果です。「日齢に応じて離乳」させた子牛の成績が悪いように見えるのは、固形飼料摂取量が低い子牛のデータも含められているからだとも考えられます。参考までに「日齢に応じて離乳」させた子牛から固形飼料摂取量が低い個体のデータを除いて比較すると、三つの離乳方法の間で、増体速度の差はありませんで

表4-2-2 離乳方法が離乳移行期の子牛に与えた影響（Welk et al., 2020）

	離乳の基準		
	日齢	固形飼料摂取量	組み合わせ
乳摂取量、ℓ/日	5.9[a]	2.7[c]	4.2[b]
スターター摂取量、kg/日	0.49[c]	1.19[a]	0.89[b]
乾草・TMR摂取量、kg/日	0.08[b]	0.12[a]	0.10[b]
合計乾物摂取量、kg/日	1.25[c]	1.60[a]	1.46[b]
増体速度、kg/日	0.71[b]	0.85[a]	0.82[a]

[abc] 同行内の上付き文字の異なる数値には有意差あり（P<0.05）

表 4-2-3 離乳方法が離乳直後の子牛に与えた影響（Welk et al., 2020）

	離乳の基準			脱落子牛*
	日齢	固形飼料摂取量	組み合わせ	
スターター摂取量、kg/日	2.44[b]	2.85[a]	2.78[a]	1.88
乾草・TMR 摂取量、kg/日	0.24	0.23	0.24	0.15
合計乾物摂取量、kg/日	2.66[b]	3.07[a]	3.00[a]	2.03
増体速度、kg/日	1.52	1.43	1.51	1.37
84 日齢時の体重、kg	118[b]	124[a]	122[a]	95

*固形飼料の摂取量が目標値に達しなかった子牛の平均値（参考値；統計解析には含めず）
[abc]「脱落子牛」以外で同行内の上付き文字の異なる数値には有意差あり（$P<0.05$）

した。言い換えると、「固形飼料の摂取量に応じて離乳」させたから増体速度が高まったのではありません。「固形飼料摂取量に応じて離乳」させた子牛や、「日齢と摂取量の組み合わせで離乳」させた子牛の成績が良いように見えるのは、スターターなどの摂取量が低い「脱落」した子牛のデータを含めなかったからです。

ここで押さえておきたいポイントは、離乳方法に応じて増体速度は変わらなくても、飼料コストは大きく変わり得るという点です。「固形飼料摂取量に応じて離乳」させる場合、70 日齢よりも前に離乳の準備ができた子牛がいました。この試験では、平均で 56.3 日齢で離乳しましたが、48 日齢で離乳できた「早熟」の子牛もいました。しかし、スターターなどの摂取量が一定量に達しているので、子牛に負担がかかっているわけではありません。いわば自然な形で離乳しているので、離乳直後の発育も順調でした。

「日齢と摂取量の組み合わせ」で離乳させる場合も、スターターなどの摂取量が基準値を超えてから（ある程度ルーメンの用意ができてから）乳を減らし始めているので、子牛にはムリをさせていません。離乳後の発育が順調だったのは、その証拠です。「組み合わせで離乳」させる場合、離乳時の日齢は70日齢と決まっていますが、早い段階からミルクの給与量を減らせるため、これもコスト減が期待できます。

つまり、日齢だけでなく固形飼料摂取量も考慮に入れて離乳させると、子牛に負担をかけることなくミルクの給与量を削減できるというわけです。子牛の飼料コストは、かなり下がるはずです。このアプローチでは、スターターなどの摂取量が増えていかない子牛は、結果的に「日齢に応じて離乳」させているので、弱い子牛に余分の負担を強いているわけではありません。「早期離乳」させるのは、スターターなどの摂取量が高い子牛だけです。いわば、早熟の子牛だけを「飛び級」させるアプローチなので、子牛にはストレスにならないはずです。

この試験は大学の研究農場で実施したため、スターターや乾草・TMRの摂取量を個体別に毎日モニタリングすることができました。一般農場で子牛をグループ管理している場合、個体別のスターター摂取量を把握することは難しいかもしれません。しかし、子牛を個体別に管理している農場であれば、少し余分な手間はかかるかものの、スターターの摂取量をモニタリングすることは十分に可能ですし、これには大きなメリットがあります。まず、早い段階で離乳の準備ができている子牛を離乳させて、飼料コストを軽減できるというメリットがあります。さらに、スターターの摂取量をモニタリングすることにより、離乳時に問題のある子牛を早期に発見し、何らかの対応を講じられるというメリットもあります。

何らかの理由で、スターターの摂取量を順調に高めていけない子牛がいます。その場合、日齢も考慮しながら、早い段階から乳の給与量を落としていくべきなのかもしれません。あるいは、完全に離乳する時期を少し遅らせたほうが良いのかもしれません。スターターの摂取量が低い子牛の管理に関しては「こうすべきだ！」という指針がないため、ある程度の試行錯誤が必要になるかと思いますが、離乳時につまずく子牛を減らすためにも、現場での知見を蓄積していくことは重要です。

第3章 離乳移行期のアシドーシスを理解しよう

離乳移行期の子牛には、穀類を多く含むスターターを給与します。泌乳牛の場合、濃厚飼料を過給したり、デンプン濃度の高いTMRを給与すれば、ルーメン・アシドーシスになります。ルーメン・アシドーシスとは、ルーメンのpHが低下する状態を指しますが、pHが下がれば、ルーメン微生物、とくにセンイを発酵する微生物に元気がなくなり、消化率が低下したり、乾物摂取量が低下します。また、pHがさらに下がれば、ルーメン壁の細胞が傷みますし、炎症系の問題も引き起こします。ルーメン・アシドーシスは反芻動物の生産性を低下させる代謝障害と言えますが、子牛の場合はどうなのでしょうか。

▶子牛のルーメンpH

スターター摂取量が激増する離乳移行期から離乳直後にかけて、子牛のルーメンpHは非常に低くなります。これまでの研究データを見てみると、1日の平均pHが5.5前後であると報告している研究がたくさんあります。これは立派なルーメン・アシドーシスです。ルーメン・アシドーシスのメカニズムに関しては、拙著『ここはハズせない乳牛栄養学①～乳牛の科学～』で詳述しましたので、そちらを読んでいただければと思いますが、子牛のルーメンpHが非常に低いのはなぜでしょうか。

ルーメンpHは、ルーメン内の「発酵力」「中和力」「吸収力」の三つの力のバランスによって決まります（**図4-3-1**）。泌乳牛の場合、TMRのデンプン濃度やデンプンの発酵度などがルーメンpHを決める大きな要因となりますが、子牛の場合、その影響は限定的であると考えられます。

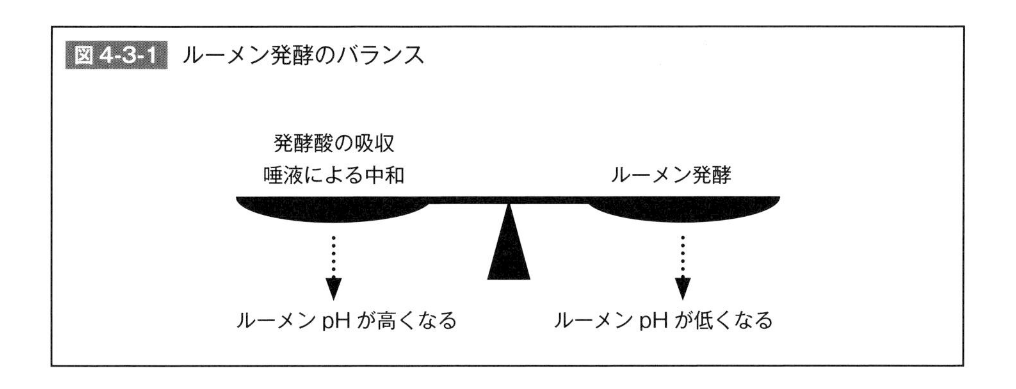

その一つの理由は、スターターのデンプン濃度は「ルーメンでの発酵量」とイコールではないからです。離乳移行期の子牛のスターター摂取量には大きなバラつきがあります。スターターを500g/日しか食べていない子牛もいれば、1500g/日食べている子牛もいます。泌乳牛のDMIにもバラつきがありますが、泌乳牛の場合、食べる量が3倍になることはありません。しかし、子牛は違います。例えば、デンプン濃度が25%のスターターと35%のスターターを比較するとしましょう。デンプン濃度が25%のスターターを1500g/日摂取した場合、デンプン摂取量は1500 × 0.25 = 375gになります。しかし、デンプン濃度が35%のスターターでも、500g/日しか摂取しない場合、デンプン摂取量は175g（500 × 0.35）となり、半分以下になってしまいます。デンプン濃度が10%も高くなるのは大きな差に見えるかもしれませんが、スターター摂取量が大きく変化する子牛にとって、ルーメン発酵量に及ぼす影響は「誤差の範囲内」なのかもしれません。

私自身、デンプン濃度が異なるスターターを比較する研究をいくつか行ないましたが、それらの試験では、スターター摂取量が一定になる離乳直後の時期にルーメンpHを計測しました。しかし、それでも、スターターのデンプン濃度や子牛のデンプン摂取量は、ルーメンpHに影響を及ぼしませんでした。その一方で、同じスターターを同じだけ摂取している子牛同士を比較しても、ルーメンpHが5.5以下になってしまう子牛もいれば、ルーメンpHが6.0以上で安定している子牛もいました。なぜでしょうか。

それにはいくつかの理由が考えられますが、離乳移行期の子牛の場合、ルーメン pH に影響を与えるほかの要因、例えば「発酵酸の吸収力」に大きなバラつきがあることも一因だと思います。発酵酸はルーメン壁を通じて吸収されるため、ルーメンでの発酵量が多少増えても、それ以上に吸収量が高くなれば、ルーメン pH が低下することはありません。ルーメンが発達中の子牛の場合、ルーメン壁の「吸収力」にも大きな個体差があるはずですし、たとえ同じ個体であっても、数週間という期間でその吸収力は大きく変化します。ルーメン機能が変化し続けている離乳移行期の子牛にとって、スターターのデンプン濃度の差が及ぼす影響は、相対的に小さいのかもしれません。

離乳移行期の子牛では、「発酵酸の中和力」にも大きなバラつきがあると考えられます。離乳前後の子牛の場合、粗飼料の摂取量に大きな個体差があります。データを見てみると、離乳直後に1日500g 以上の乾草を摂取する子牛もいれば、1日50g 以下の乾草しか摂取していない子牛もいました。乾草をたくさん食べる子牛は、それだけ反芻するので、唾液の分泌量が増えます。唾液の分泌量が多ければ、発酵酸も中和されるため、ルーメン pH は下がりにくくなると考えられます。

図 4-3-2 にルーメン pH と乾草の摂取量の関係を示しましたが、このデータは、スターターを1日2.5kg 摂取している離乳直後の子牛から集められました。つまり、スターターをある程度食い込めるほどにルーメン機能が発達している子牛です。しかし、乾草の摂取量には、非常に大きな個体差があり、乾草の摂取量とルーメン pH には正の相関関係が認められました。乾草の摂取量が高い子牛のルーメン pH は高かったのです。別の研究でも、離乳移行期の子牛の場合、ルーメン pH と乾物摂取量やスターター摂取量、またはデンプン摂取量との間に相関関係はなく、乾草摂取量とルーメン pH との間にのみ、正の相関関係が認められたと報告しています。離乳移行期のアシドーシスを軽減するために、良質の乾草を給与することの大切さを示しているデータだと思います。

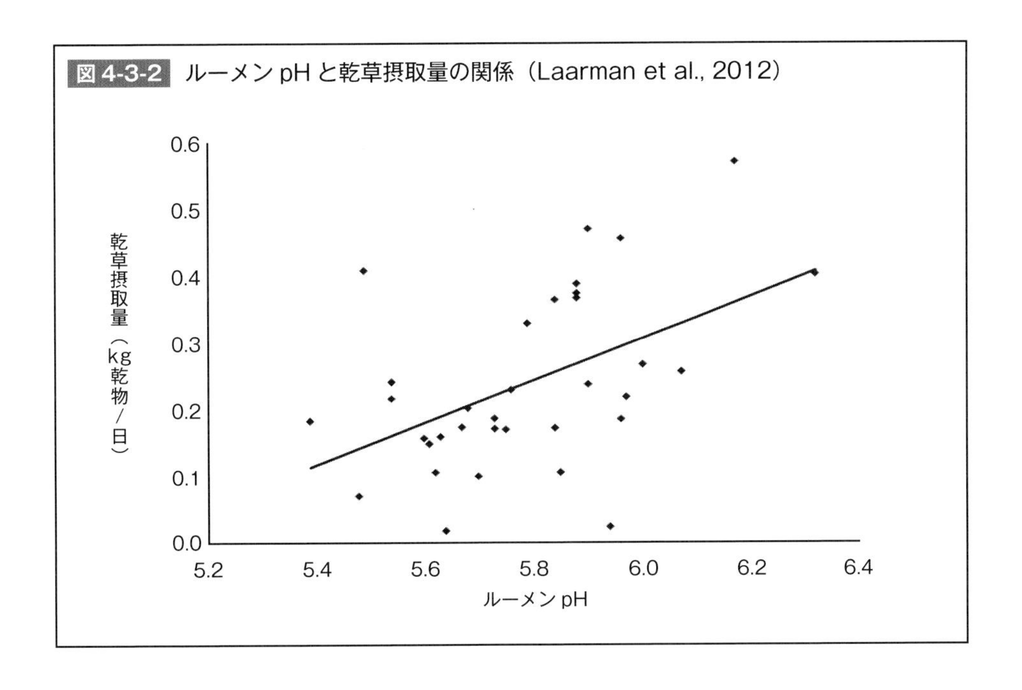

離乳移行期の子牛のルーメン pH を決める一番大きな要因は乾草の摂取量なのかもしれませんが、スターターの物理性を無視することもできません。スターターには、ペレットだけの製品とフレーク＆ペレットの製品があります。さらに、フレーク＆ペレットのスターターでは、どの程度の圧ペン穀類が含まれているか、その割合は製品によって大きく異なります。一般的に、フレーク＆ペレットのスターターは嗜好性が高く、乾物摂取量を高めるとされていますが、それは反芻・咀嚼を促進する物理性が高く、ルーメン発酵を安定化させられることと関係があるのかもしれません。

あと、子牛のルーメン pH を考えるうえで、何を食べさせているかだけでなく、どのように食べさせているかを意識することも大切です。**図 4-3-3** に、デンプン含量の異なる 3 種類のスターターを給与した場合、子牛のルーメン pH が 24 時間を通じて（午前 4 時から翌日の午前 4 時まで）どのように変化するかを示しました（試験 A）。スターターの給与は矢印で示したように午前 6 時で 1 日 1 回ですが、その直後にルーメン pH が 5.0 近くまで低下したことがわかります。この劇的なルーメン pH の低下は、スターターのデンプン濃度

図 4-3-3 試験 A：離乳直後の子牛のルーメン pH の変化（Laarman et al., 2012）

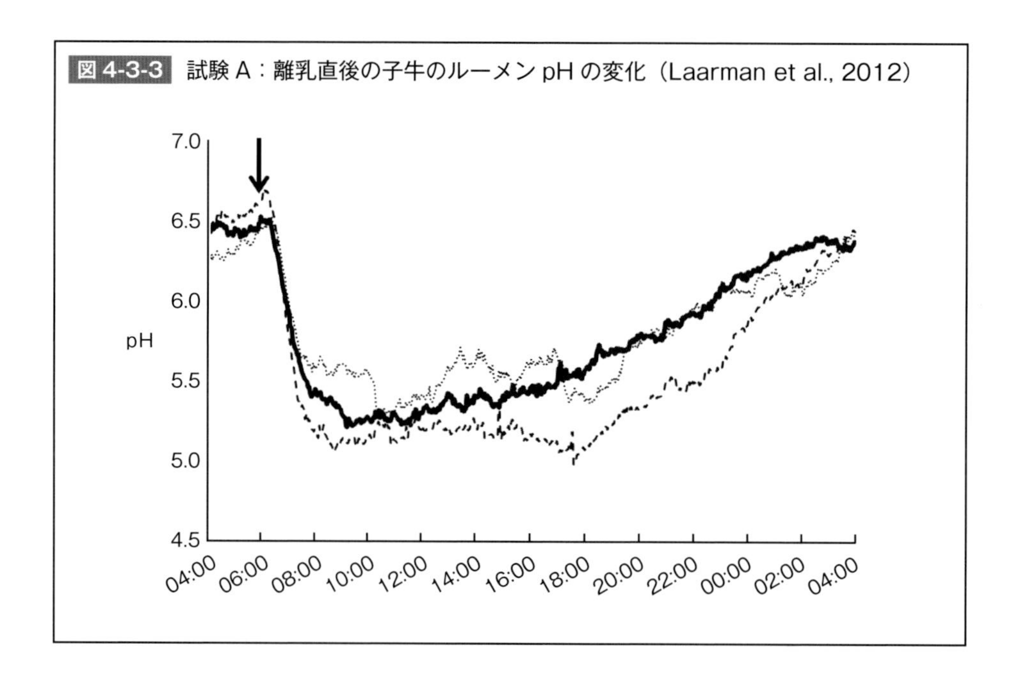

に関係なく、すべての子牛で見られました。そして、スターターを摂取した後、ルーメン pH は長時間 6.0 以下のままで推移し、翌日にスターターを給与される時間の直前になって、ようやく元の pH に戻りました。

図 4-3-4 に、別の試験のルーメン pH データ（午前 9 時から翌日の午前 9 時までの 24 時間のルーメン pH の推移）を示しました（試験 B）。この試験でも、デンプン含量の異なる 3 種類のスターターが比較されましたが、スターター間でルーメン pH に大きな差がないことがわかります。しかし、試験 A（**図 4-3-3**）と試験 B（**図 4-3-4**）を比較すると、ルーメン pH の推移の仕方に大きな違いがありました。試験 B では、1 日の pH の変化が緩やかです。この差はどこからでてくるのでしょうか。それは、スターターの給与方法です。

試験 A では、1 日 1 回のスターター給与で、給与量に 2.5kg/日という上限を設定しました。これは、アシドーシスにさせないようにという意図で設定した上限値だったのですが、逆にルーメン pH の急激な変化を引き起こしてしまいました。2.5kg/日という上限値は、それ以上のスターターを食べたい子牛に

図 4-3-4　試験 B：離乳直後の子牛のルーメン pH の変化（Saegusa et al., 2017）

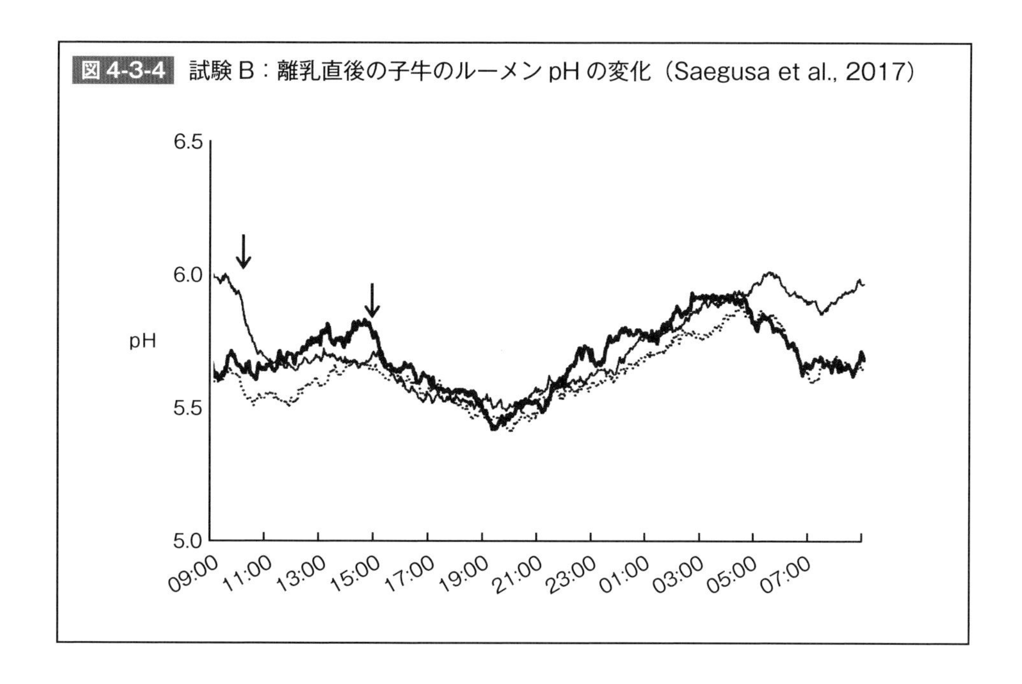

とって、制限給与していることになります。スターターを給与する数時間前に給飼バケツの中は空になり、給与されると同時に大量のスターターを短時間で食べたために、ルーメン pH が大きく低下したのです。

それに対して、試験 B では、スターターを 1 日 2 回、午前 10 時と午後 15 時に給与しました。子牛が常にスターターを飽食できるように、給飼バケツの中には常に一定量のスターターがあるように配慮しました。15 時のスターター給与は補充です。そのため、子牛は、スターターを給与された直後にガッツクような食べ方をしませんでした。ほぼ 24 時間、いつでもスターターを食べられる状態になっているからです。短時間で大量のスターターを摂取しなかったため、ルーメン pH が乱降下することはありませんでした。

1 日の平均 pH を比較してみると、試験 A が 5.78 であったのに対し、試験 B では 5.68 でした。ルーメン pH が 1 日を通じて大きく変化しなかったにもかかわらず、試験 B の平均ルーメン pH のほうが低くなったわけですが、ルーメンに棲む微生物にとって、pH が大きく変化する（試験 A）のと、平均値が低い（試験B）のとでは、どちらのほうがダメージが大きいのでしょうか。私は、pHの大きな変化のほうが微生物に悪影響を与えると考えています。これは人間でも同じではないでしょうか。多少寒かったり暑くても、大きな寒暖差がなければダメージは少ないはずです。体が慣れるからです。しかし、春や秋の寒暖差が激しいときは、平均気温が穏やかでも風邪をひきやすくなります。

興味深いことに、試験Bでのスターター摂取量の平均は2.8kg/日でした。飽食させたにもかかわらず、制限給与をした試験Aの子牛のスターター摂取量より0.3kg多いだけでした。この事実は、スターターの摂取量そのものよりも、どういう食べさせ方をしているかのほうがルーメンpHの変化に大きな影響を与えることを示しています。これらの研究データは、離乳移行期の子牛の場合、スターターのデンプン含量や摂取量の影響が限定的であり、ルーメンpHへの影響は、乾草の摂取量やスターターの給与方法による影響のほうが大きいことを示しています。

▶アシドーシスは代謝障害？

過去の研究文献を見ると、子牛のルーメンpHの平均値が6.0以下だと報告している研究は数多くありますし、5.5以下になったと報告している研究も少なくありません。これは、泌乳牛だと大問題ですが、子牛ではどうなのでしょうか？ 私が関わった試験では、ルーメンpHが低くなっても、スターター摂取量や増体速度が低下するなどの悪影響は見られませんでした。ルーメンpHが下がるというのは、ルーメンでエサが発酵しているから、言い換えると「しっかり食っている」からです。ルーメンpHが下がっても、子牛の生産性に悪影響を与えないのであれば、そもそも子牛のアシドーシスを心配する必要はあるのでしょうか。

スターターの摂取量がどのように増えていくかのデータを見てみると、スターターの摂取量の増え方には面白い特徴があることがわかります。常に右肩上がりに増えていくのではなく、2～3日間スターターの摂取量が増えた後、いったん停滞します。そして、その数日後に、また摂取量が増え始めるのです。スターターの摂取量が増えれば、ルーメンpHは下がります。アシドーシス状態になるため、スターターの摂取量がいったん停滞するのかしれません。しかし、低pHが刺激となり、ルーメン壁が発酵酸を吸収する機能を高めれば、ルーメン発酵の許容量が増えるはずです。そのため、またスターターの摂取量が増え始めるのかもしれません。このように考えると、離乳移行期の子牛のルーメンpHが低いことは、即「代謝障害」と言えないと思います。もしかすると、低ルーメンpHは、ルーメン壁が発酵酸を吸収するという機能を獲得していくうえで必要な「刺激」かもしれないからです。

それでは、どこまでが「刺激」で、どこからが「代謝障害」なのでしょうか。どこで線を引くべきなのでしょうか。ルーメン・アシドーシスが「悪者」になるのには、いくつかの理由があります。泌乳牛の場合、pHが6.0以下になると、センイの消化率が低下したり、乳脂率が下がるため、ルーメン・アシドーシスが問題になるわけです。しかし、離乳移行期の子牛の場合、事情が異なります。もともとセンイからのエネルギーに期待しているわけではないので、センイの消化率の低下は大きな問題ではありません。さらに子牛は泌乳していませんから、乳脂率が下がることを心配する必要もありません。軽いルーメン・アシドーシス（ルーメンpHが5.5～6.0）であれば、心配することはないと思います。

しかし、ルーメンpHが5.5以下になる重度のルーメン・アシドーシスは話が違います。そこまでルーメンpHが下がると、ルーメン壁にダメージを与えるリスクがあるからです。ルーメン壁が傷めば、発酵酸を吸収する力が弱くなりますし、ルーメン壁のバリア機能も低下し、エンドトキシンが吸収され炎症を引き起こすかもしれません。これは「刺激」ではなく、れっきとした「代謝障害」です。私は、結果としてルーメン機能（発酵酸を吸収する力）が高まれば、低ルーメンpHは「刺激」だと考えています。その反対に、結果としてルーメン機能が低下すれば、それは「代謝障害」です。

ここで、昔、小学生のときにやらされた乾布摩擦を思い出しました。冬の寒い日に上半身裸になり、布で体をゴシゴシ擦るという、あの昭和的な体力作りです。外気温が5℃くらいであれば良い「刺激」になるかもしれません。しかし、－30℃（北海道の極寒日の早朝、カナダの冬）で同じことをすれば、それは「虐待」です。離乳移行期の子牛のルーメン・アシドーシスでも同じことが言えるかと思います。

▶まとめ

離乳移行期の子牛のルーメンpHは低く、アシドーシス状態になっています。濃厚飼料であるスターターの摂取量が増えていく時期なので、これは仕方がないことだと思います。私は、ルーメンpHが低いことそのものを必要以上に気にする必要はないと考えています。低pHが一種の刺激となり、「発酵酸を吸収する」というルーメン機能を高めることに貢献している可能性があるからです。泌乳牛の研究からの知見に基づき、スターターのデンプン濃度を抑えれば、離乳移行期のアシドーシスを予防し、スターターの摂取量や増体速度を高められるのではないかという仮説がありますが、それは証明されていませんし、子牛の低ルーメンpHが増体に悪影響を与えるという研究データも存在しません。しかし、極端な低pH（5.5以下）は避けるべきです。これまでの研究データは、どういうスターターを給与するかよりも、どういう与え方をするかのほうが重要であることを示しています。飽食させれば、スラグ・フィーディング（固め食い）を避けられるため、逆にルーメンpHを安定させることができます。さらに、離乳移行期では、乾草の摂取も必要不可欠です。スターターの摂取量とルーメンpHに相関関係はありませんが、乾草の摂取量とルーメンpHは正比例しているからです。

第４章 群管理への移行を理解しよう

立派な後継牛を育てるうえで、乳用子牛の離乳移行期の管理は非常に重要です。前章では、離乳移行期に子牛の代謝生理機能が大きく変化し、単胃動物から反芻動物に“変態”することを背景に、離乳移行期のアシドーシスについて考えました。しかし、離乳移行期に変わるものは、食べるものだけではありません。飼養環境も大きく変化します。家畜福祉の面から個体別管理の是非が議論されてはいるものの、哺乳中はカーフ・ハッチなどを利用して個体別の管理を行なう農場が多いと思います。感染症などのリスクを最小限に抑えるためです。しかし、そのような農場でも、離乳のタイミングで、子牛はペンやロットに移され、群として飼養管理されるようになります。個体管理から群管理へ飼養環境が大きく変化する時期に、子牛のストレスを軽減するために何ができるのかを考えてみましょう。

離乳時の子牛は、二つのタイプのストレスを経験すると考えられています。ミルクが給与されなくなるという栄養面でのストレスと、カーフ・ハッチなどで個体別に管理されていた子牛がグループ管理に移行することに伴う飼養環境の変化に伴うストレスです。それらのストレスを同時に感じさせないように、「カーフ・ハッチで完全に離乳させて暫くしてから、グループ管理に移行するように」と勧める人もいますが、群管理へ移行する理想のタイミングはいつなのでしょうか。

▶群管理への移行時期

ここで、離乳移行期の子牛をグループ管理へ移行するタイミングを評価した研究を紹介したいと思います。この試験では、生後49日目まで、代用乳（CP25.0%、脂肪19.2%）を1日2回、1回2ℓ給与しました。その後、代用乳の給与を1日1回に減らし、生後56日目に完全離乳しました。160頭の子牛は、完全離乳と同時にスーパー・ハッチ（6m × 3m）に移され、1グループ8頭で飼養管理されました。残りの160頭の子牛は、完全離乳後も6日間、カーフ・ハッチ（1.1m × 1.6m）に留まり、個体別の飼養管理を受けました。そして離乳の6日後（生後62日目）にスーパー・ハッチに移され、1グループ8頭で飼養管理されました。

試験結果は**表4-4-1**に示しましたが、増体成績や健康状態は、離乳と同時にグループ飼養に移行した子牛のほうが優れているという結果が出ました。これは、今までの「栄養管理の変化と飼養環境の変化という2種類のストレスがかかる時期を分散させたほうが良い」という“子牛管理の常識”と相容れません。そこで、同研究グループは、カーフ・ハッチからスーパー・ハッチへ子牛を移動させる理想のタイミングを確認するため、もう一つの試験を実施しました。

二つ目の試験では、離乳後ではなく離乳移行期に、子牛をスーパー・ハッチへ移動するタイミングを評価しました。まず、生後49日目まで、代用乳

表4-4-1　グループ飼養への移行時期が子牛に与えた影響1（Bach et al., 2010）

	離乳直後に移動	離乳6日後に移動
増体速度、kg/日*	0.83	0.79
グループ管理前の呼吸器系疾患の割合、%	1.69	1.72
グループ管理後の呼吸器系疾患の割合、%*	41.4	61.2

*有意差あり（$P<0.05$）

（CP25.0％、脂肪 19.2％）を１日２回、１回２ℓ給与し、生後 50 日目から代用乳の給与を１日１回に減らし、生後 70 日目に完全離乳しました。120 頭の子牛は、生後 49 日目（代用乳の給与量を減らし始める前日）にスーパー・ハッチに移動し、残りの 120 頭の子牛は、生後 56 日目（代用乳の給与量を減らしてから１週間後）にスーパー・ハッチに移動しました。スーパー・ハッチでは、いずれの子牛も１グループ８頭で飼養管理されましたが、スーパー・ハッチで１日１回の代用乳の給与は生後 70 日目まで続けられました。この試験では、スーパー・ハッチに移動するタイミングが異なる以外、すべての子牛は同じ栄養管理プログラムで管理されました。

試験結果は**表 4-4-2** に示しましたが、生後 49 日目にスーパー・ハッチに移動した子牛のほうが、スターターの摂取量も増体量も高くなりました。つまり、「グループ飼養に早く移行したほうが良い」という同じ結果が確認されたのです。さらに、生後 112 日目までの健康状態を追跡調査したところ、呼吸器系疾患を経験した子牛の割合は同じでしたが、その頻度に違いが見られました。生後 49 日目にスーパー・ハッチに移動した子牛は、その 20％が２回以上呼吸系の問題を煩ったのに対し、生後 56 日目にスーパー・ハッチに移動した子牛は、34％が２回以上呼吸系の問題を煩いました。

表 4-4-2 グループ飼養への移行時期が子牛に与えた影響２（Bach et al., 2010）

	49 日齢	56 日齢
固形飼料摂取量、kg/日*	2.61	2.49
増体速度、kg/日*	1.07	1.03
呼吸器系疾患の割合、％	25.2	25.8
呼吸器系疾患の割合、回数/頭*	0.87	1.23

*有意差あり（P<0.05）

これらの研究データは、「子牛は離乳と同時にハッチから出したほうが良い」ことを示しています。7週齢以上の子牛であれば、グループ飼養に伴うストレス、あるいは飼養環境の変化に伴うストレスに耐えるだけの力がすでに備わっており、飼養環境が変化しても大きなダメージを受けないのではないかと考えられます。あるいは、その反対に、「ハッチで個体管理されているほうが、子牛にとってはストレスになる」のではないかとも推察されます。ここで紹介した試験では、1.1m × 1.6m というサイズのカーフ・ハッチが使われ、ハッチ内には運動のためのスペースはありませんでした。そのため、ここで紹介した研究データは、「狭いハッチで飼うくらいであれば、なるべく早い段階で、十分なスペースのあるスーパー・ハッチに移動させたほうが良い」と解釈できるかもしれません。

しかし、この研究データの解釈には注意が必要です。この研究グループは、最初の試験では320頭の子牛を使い、二つ目の試験では240頭の子牛を使って試験を行ないました。つまり、グループ管理に移行する際、日齢や体重の近い子牛を同じグループに入れることが可能でした。そのため、子牛に大きな負担をかけることなく、グループ管理への移行を比較的スムーズに行なえたと考えられるからです。

大きな農場では、同じ時期に生まれた子牛を4～5頭まとめたグループを簡単に作れます。しかし、小さな農場では、離乳したばかりの子牛を、月齢や体のサイズがかなり異なる大きい子牛と一緒にしなければならないケースがあります。いきなり、体の大きさも体力も違うお姉さんグループに入れられると、離乳したばかりの新入りの子牛は萎縮するかもしれません。個体管理から群管理への移行そのものがストレスにならなくても、フレーム・サイズがまったく異なる子牛がたくさんいるペンに移動された小さい子牛は、かなりのストレスを経験するのではないかと考えられます。

▶グループ構成の影響

次に、子牛の群管理を行なう場合、グループ構成の違いが離乳直後の子牛の行動にどのような影響を与えるのかを調べた試験を紹介したいと思います。この試験では、72頭の子牛を使って、1グループ12頭、合計6グループで離乳後の飼養管理を行ないました。そのうち3グループは、日齢や体重が同じ子牛を集めました（均質グループ）。平均日齢は41.1日、平均体重は63.9kgです。残りの3グループは、小さい子牛（平均日齢が35.1日、平均体重が56.3kg）と大きい子牛（平均日齢が82.7日、平均体重が88.2kg）を一緒にして群管理しました（混合グループ）。そして、離乳後に入るグループの構成が、子牛の行動や発育にどのような影響を与えるのかを調査しました。

子牛の行動データを**表4-4-3**に示しました。グループ構成に関係なく、グループ管理に移行した直後は（1日目）、「採食時間」と「横臥時間」が短く、「歩行時間」が長いことがわかります。群管理に移行した直後の子牛の行動パターンが、その後の行動パターンとは異なるというのは興味深い点です。均質グループと混合グループとの間には「探索時間」に違いが認められました。「探索」とは、柵や床面を舐めたり匂いを嗅いだりして、新しい環境に慣れようとする行動です。

表4-4-3 離乳後にグループ飼養に移行した子牛の行動パターン（Faverik et al., 2010）

	1日目	7日目	14日目
採食時間、%	13.1^{a}	19.7^{b}	22.7^{b}
横臥時間、%	55.8^{a}	65.4^{b}	62.9^{b}
歩行時間、%	6.0^{a}	2.1^{b}	1.5^{b}
探索時間*、%			
均質グループ	9.9^{a}	3.8^{b}	5.0^{b}
混合グループ	3.5^{b}	5.3^{b}	4.9^{b}

*柵や床面を舐めたり匂いを嗅いだりする時間
abc 同行内の上付き文字の異なる数値には有意差あり（$P<0.05$）

均質グループの子牛は、グループに入れられた直後（1日目）、より長い「探索時間」を持ちました。ペンの中を積極的に動き回り、新しい環境に早く慣れようとしている様子が想像できます。そして、「探索時間」は時間の経過とともに短くなりました。しかし、大きい子牛がいる混合グループに入れられた小さい子牛の「探索時間」は一定でした。混合グループに入れられた離乳直後の子牛は、ペンの中で積極的に動き回れず、より多くのストレスを経験していたのではないかと想像できます。

この試験では、グループ管理に移行した直後2週間の増体速度にも差が認められました。均質グループに入れられた離乳直後の子牛の増体速度が744g/日であったのに対し、混合グループに入れられた離乳直後の子牛の増体速度は577g/日でした。この試験では、子牛はスターターを制限給与されていました。離乳したばかりの弱い子牛は、大きい子牛に食い負けし、エネルギーや栄養分を十分に摂取できなかったのではないかと考えられます。

さらに、この試験で混合グループに入れられた子牛は、自分の日齢に近い子牛のそばで（1m以内）、より長い時間横臥するという行動を示しました。子牛は放牧地などの自然環境下でも、3～4頭の小さなグループを作って一緒に牧草を食んだり、一緒に横臥する傾向があります。ここで紹介した試験では、混合グループに12頭の子牛がおり、そのうちの半分は日齢が近い離乳直後の子牛だったため、離乳直後の小さい子牛も自分に近い“友達”を見つけることができたわけです。しかし、離乳したばかりの子牛が1頭だけで群管理へ移行するならば、飼養環境の変化に伴い、かなり大きなストレスを経験することが推測できます。とくに、今までほかの子牛達と遊んだ経験のない、「隔離」された環境で個体別の管理をされてきた子牛であれば、飼養環境の急激な変化に戸惑うはずです。

人間の子どもの場合、小学校では学年ごとにクラスを作りますが、子どもの数が少ない離島のような環境では、年齢の違う子どもたちが一緒に活動するケースが増えます。優しいお兄さん・お姉さんがいれば、それはそれで楽しいかもしれませんし、小さい子どもにとって「学び」の機会になります。しかし、ここで紹介した研究データは、子牛の世界は厳しく「イジメ」が横行している可能性を覗わせます。飼養密度に余裕があれば「お姉さん」にも心の余裕ができて優しくなれるのかもしれませんが、飼養密度が高く競争が激しい環境下であれば「お姉さん」も自分のことで精一杯だと思います。大きな子牛と離乳直後の小さな子牛を一緒にする場合、子牛の様子・行動を観察し、飼養密度にも十分の注意を払う必要があります。

▶まとめ

ウシは群れで生きる動物です。乳用子牛の離乳移行期では、個体管理から群管理への移行そのものをためらう必要はありません。子牛は群管理そのものをストレスと感じないようです。群管理は子牛にとって自然な環境であり、これからは乳用子牛の哺乳中でも群管理が一般化すると思います。ただし、群管理を行なう場合、グループ構成には十分な注意を払うべきです。大きい子牛のいるペンに離乳直後の小さい子牛が入れば、環境の変化に伴うストレスを経験し、DMIや増体速度が低下するリスクがあります。牛舎施設などの制約から、そうせざるを得ない場合は、十分な飼槽スペースや休息スペースが確保できるように配慮してやる必要があります。

第5部

ここはハズせない
離乳後の栄養管理の基礎知識

第1章　離乳後の子牛を理解しよう

子牛・育成牛の栄養管理の目標は、①泌乳能力の高い後継牛を育てること、②育成コストを最小限に抑えること、です。農場のなかで育成牛は「食わせてもらっている」立場です。農場の収入には貢献していません。そのため、育成コストを最小限に抑えるためには、なるべく早く分娩させることが求められます。一昔前は、24カ月齢で1回目の分娩をさせるべきだと推奨されていましたが、今は22～24カ月齢での分娩を目指すべきだとされています。しかし、早く分娩させることで泌乳能力を犠牲にしてしまっては本末転倒です。育成牛の栄養管理では、注意すべき点がいくつかあります。第5部では、子牛が離乳してから分娩するまでの栄養管理について考えてみたいと思います。

まず、子牛・育成牛の増体に関する目標を確認したいと思います。『NASEM 2021』で推奨されている目標体重（成体重の％）を**表5-1-1**に示しました。乳用牛は3回目の分娩のあと、成体重に達します。ホルスタイン種なら

表5-1-1　乳用子牛・育成牛の体重目標（NASEM, 2021）

	ホルスタイン、kg	ジャージー、kg	%成体重
成体重	700	520	
誕生時の体重	42	31	6
離乳時の体重	84	62	12
受胎時の体重	385	286	55
初回分娩前の体重	638	426	91
初回分娩後の体重	574	474	82

700kg、ジャージー種なら520kgが平均値ですが、これらの値は育種の方向性によって、それぞれの農場で異なるかもしれませんので、あくまでも目安と考えてください。

平均的なホルスタイン牛を例にとって考えると、離乳時に成体重の12%、84kgに達しているかどうかが一つ目のチェックポイントです。離乳時に、誕生時の体重の2倍になっていることが目標となります。

その次の目標は、受胎時に成体重の55%、385kgに達していることです。育成牛の受胎率は高いとは言え、約1/3の牛は1回で受胎しません。それを考慮に入れると、受胎率が低い農場では、成体重の50%（350kg）に達したあたりから授精を始める必要があるかもしれません。

そして、最終的には、初回分娩直前に成体重の91%（638kg）に達し、分娩後に成体重の82%（574kg）に達することが育成管理の目標となります。分娩後に体重の目標値が減るのは、胎仔や胎盤、羊水など、妊娠に関わるものが失われるからです。

離乳してから分娩までの栄養管理は、下記の四つのステージに分けて考えられると思います。次に、それぞれのステージの子牛の特徴について考え、注意すべき点を検討してみましょう。

・ステージ1：離乳直後
・ステージ2：4カ月齢から受胎まで（育成前期）
・ステージ3：受胎から分娩1カ月前まで（育成後期）
・ステージ4：分娩直前の1カ月間（クロース・アップ期）

▶ステージ1：離乳直後

離乳直後の2カ月間は、栄養管理のコスパが最も高い時期です。現体重と比較して、どれだけ増体したか、または飼料効率（乾物摂取量1kg当たりの増体）という視点から見ると、子牛の成長が最も高いのは哺乳中です。しかし、「1kg

増体させるのに、どれだけの飼料コストがかかったか」という“コスパ”を考えると、哺乳中のコスパはそれほど高くありません。ミルクや代用乳など、単価の高いものを給与しているからです。それに対して、誕生後半年以上経過すると、単価の低いエサを与えているかもしれませんが、増体1kg当たりの飼料コストという視点で見ると、哺乳中よりも高くなります。子牛・育成牛は、成長するとともに乾物摂取量が増えていき、相対的な増体速度は低下していくからです。

増体、乾物摂取量、飼料コスト、これらのすべての要因を考慮に入れて「増体1kg当たりの飼料コスト」を計算すると、その値が最も低くなるのは離乳直後の数カ月間です。言い換えると、離乳直後は子牛の成長を最も低コストで促進できる、とても大切な時期だと言えます。それにもかかわらず、離乳とともに子牛が「視界から消えてしまう」農場が多々あります。離乳直後が子牛・育成牛の飼養管理において一番コスパの高い時期だということを考えると、これは大きな損失です。

このコスパの高さは、「きちんと管理すれば、しっかり反応してくれる」と解釈すべきです。決して「栄養管理がいい加減でも、低栄養のエサをやっていても、それなりに成長してくれる」と認識すべきではありません。離乳直後の子牛は、反芻動物としては半人前です。ルーメンは、ギリギリ離乳に耐えられるレベルには発達しているかもしれませんが、消化・吸収能力は、まだまだ発展途上です。センイをきちんと消化できないかもしれませんし、微生物タンパクも十分に作れないかもしれません。そもそも粗飼料をしっかり食い込める状態になっていません。それにもかかわらず、エネルギーやタンパク質の要求量は非常に高いので、泌乳ピーク牛以上の高濃度のエサを与えることが求められるのです。適切な栄養管理を実践することはとても大切です。

哺乳中は、少なくとも1日2回、子牛の目を見て「対話」し、観察する機会がありました。しかし、離乳に伴いグループ・ペンに子牛を移動すると、文字どおり「視界から消えて」しまいます。今までは、毎日の哺乳作業がしやすいように農場内の一等地で飼われていたのに、離乳を境に、農場の中で最も交通量の少ない「僻地」に追いやられてしまう場合が多々あります。しかし、このときの栄養管理がいい加減であれば、これまでに蓄えてきた「貯金」を数週間で使い果たしてしまうことになります。哺乳中の栄養管理には莫大なコストがかかっています。とくに高栄養哺乳プログラムを実践していれば、飼料単価が最も高いエサであるミルクを大量に与えていることになります。これは、いわば将来への「投資」ですが、離乳直後も栄養管理に配慮し続ければ、さらに資産を殖やすことができます。しかし、離乳直後の栄養管理に失敗すれば、哺乳中に蓄えた「貯金」を使い果たしてしまうことになります。一番コスパが良い時期に、資産を殖やすのではなく、浪費してしまうのは非常にもったいない話です。

▶ステージ２：４カ月齢から受胎まで

きちんと増体させながら初回分娩月齢を早めるためには、ステージ２の受胎前の栄養管理も大切です。初回分娩月齢を早めようと思えば、離乳してから受胎するまでの期間を短くするしか選択肢がありません。改めて述べるまでもなく、受胎してから分娩までの期間を短縮することは誰にもできないからです。

受胎時の目標体重は、平均的なホルスタイン牛の場合、385kgです。初産分娩月齢24カ月なら、15カ月齢で受胎させなければなりません。もし体重84kgで２カ月齢で離乳させるなら、受胎までの１日当たりの増体速度は0.77kg/日です。

(385 − 84) ／ [(15 − 2) × 30] = 0.77

しかし、初産分娩月齢22カ月を目指すなら、13カ月齢で受胎させなければなりません。この場合、受胎までの１日当たりの増体速度は0.91kg/日まで高めなければなりません。

(385 − 84) ／ [(13 − 2) × 30] = 0.91

ホルスタイン牛の場合、この0.9kg/日という増体速度は十分に可能な数値ですが、リスクもあります。それは、離乳後から春季発動までの時期に高エネルギーの栄養管理をすると、将来の泌乳能力を低めてしまう恐れがあるからです。少し説明しましょう。

育成牛に最初の発情（春機発動）が来るのは9～11カ月齢ですが、この春機発動前の数カ月間は、乳腺が最も発達する時期の一つです。育成牛の乳房を観察しただけでは、そんなに大きくなっているようには見えないかもしれません。しかし、この数カ月間で、体重1kg当たりの乳腺の細胞数は急激に増えます。木に例えると、春機発動前の数カ月は、幹が伸び、枝が張り巡らされる時期です。泌乳細胞となる「葉っぱ」がまだ付いていないので、見た目のボリューム感はないかもしれません。しかし、将来、1本の木に、どれだけの「葉っぱ」が付くかは、どれだけ枝が伸びているかによって決まります。「葉っぱ」そのものは、妊娠し、泌乳の準備を始めたときに付きますが、春機発動前の乳腺の成長（枝の張り具合）が、将来の泌乳能力の礎となると言っても過言ではありません。

春機発動前の増体速度が0.9kg/日を超えると、乳腺の成長が阻害され、初産次の乳量が低下するという研究データがあります。農場の収益を考えると、育成牛には早く成長してもらい、早く分娩して乳生産を開始させ、なるべく早く稼げるようにしなければなりません。しかし、成長を早め過ぎて将来の泌乳能力が犠牲になってしまえば、元も子もありません。本末転倒です。春機発動前の栄養管理では、どれくらいのエネルギーや栄養を与えて、どれくらい成長させるかを考えるのは非常に重要です。

0.9kg/日以上の増体でリスクが高まると述べましたが、その研究データを詳しく見てみると、増体速度が0.9～1.0kg/日程度であれば、乳量の低下は5%以下です。しかし、増体速度が1.0kg/日以上になると、乳量の低下は10%以上になります。春機発動前の育成牛の栄養管理では、「適度な増体」を目指すことがポイントになります。

それでは、なぜ、春機発動前の「高エネルギー給与」は初産次の乳量を低下させてしまうのでしょうか。それには主に三つの理由が考えられます。一つ目の理由は、育成前期の高栄養プログラムで肥ってしまった牛は、高BCSの状態がそのまま分娩時まで続いてしまう可能性があることです。そうなれば、分娩時の過肥に伴う代謝障害により、泌乳量が減ってしまいます。いわば間接的な影響ですが、このようなケースは多いかもしれません。しかし、これまでの研究データを見てみると、この「高BCS持続説」では説明できないデータも存在します。

例えば、ミシガン州立大学で行なわれた研究では、受胎前の4カ月間、育成牛に高エネルギーの栄養管理を行ない、増体速度を0.8kg/日から1.1kg/日に増やしました。「攻め」の栄養管理により、受胎時のBCSは3.5から4.2に増えましたが、初回分娩月齢は24カ月齢から21カ月齢まで3カ月も早めることができました。この試験では、受胎後の栄養管理で、受胎時の過肥は解消され、分娩時の体重やBCSに差はなくなりました。しかし、初産次のエネルギー補正乳量は10%も低下したのです。この事実は、受胎前の高エネルギー給与が、直接、乳腺の発達を阻害し得ることを示しています。

「育成前期の高エネルギー給与が初産次の乳量を低下させてしまう」二つ目の理由は、春機発動の時期が早まることです。育成牛にいつ最初の発情が来るかは、月齢よりも体重による影響が大きいようです。成長が早ければ、春機発動の時期は早まります。前述したように、春機発動前の数カ月間は「幹が伸び、枝が張り巡らされる」時期です。この時期が短くなってしまえば、乳腺の発達も悪影響を受けると考えられるわけです。

しかし、「育成前期の高エネルギー給与が初産次の乳量を低下させてしまう」一番大きな理由は、ホルモンの影響と考えられています。高エネルギー給与により肥ってしまうと、それだけ多くの脂肪細胞ができます。脂肪細胞からはレプチンというホルモンが分泌されますが、その量は、脂肪細胞の量に比例します。レプチンには、乳腺を発達させるIGF-1というホルモンの働きを妨げる作用があると報告している研究があります。つまり、高エネルギー給与により体脂肪が増え、体脂肪が増えることで乳腺の発達が阻害される……このようなメカニズムで、将来の泌乳能力がダメージを受けるわけです。言い換えると、春機発動前の高エネルギー給与そのものが乳腺の発達に悪影響を与えるのではなく、高エネルギー給与による肥満が原因だと考えられます。いずれにせよ、育成牛の栄養管理を成功させられるかどうかは、受胎までの時期が勝負だと考えてよいかと思います。

▶ステージ3：受胎から分娩1カ月前まで

受胎という「スイッチ」が入ってしまえば、その後の栄養管理でできることは限られます。受胎後は、肥らせず、安定した増体を目指すことになります。平均的なホルタイン牛の場合、分娩直前の目標体重は638kgです。きちんと385kgで受胎していれば、この体重に達するためには、1日当たりの増体速度は0.90kg/日で済みます。

(638 － 385) ／ 280 ＝ 0.90

体も大きく、乾物摂取量も高くなった育成牛であれば、これは難しい数値ではないと思います。しかし、仮に受胎時の体重が300kgだったとすれば、どうでしょうか。受胎前の増体速度は0.65kg/日で済みますが、受胎後の増体速度は1.21kg/日にしなければなりません。これはかなり大変です。

受胎前：(300 － 84) ／ [(13 － 2) × 30] ＝ 0.65

受胎後：(638 － 300) ／ 280 ＝ 1.21

育成後期の牛を舎飼い・TMRで栄養管理していれば、飼料設計を調節できるので、受胎前の発育の遅れをある程度取り戻せるかもしれません。しかし、「増体1kg当たりの飼料コスト」は、月齢が高くなるにつれ加速度的に増えていきます。受胎前の増体不足・発育の遅れを受胎後に取り戻そうとすれば、全体的な育成コストが高くなります。さらに、受胎してから増体速度を高めようとすれば、エネルギーの過剰給与から、分娩時に肥らせてしまうリスクも高まります。

さらに、受胎後の育成牛を預託に出したり、放牧しているケースもあると思います。そのような飼養環境であれば、「遅れを取り戻す」ことは難しいでしょう。複数の農家から預かった育成牛を一緒に管理しているなら、預託元の個々の農家の事情に合わせて栄養プログラムを調整・変更することは難しいからです。また、育成後期が冬の時期に重なれば、コールド・ストレスにより生体維持に必要なエネルギー要求量が増えます。そうなれば、増体のために使えるエネルギーも目減りしてしまい、遅れを取り戻すことはさらに難しくなります。このように、育成後期の管理上の制約を考えると、育成牛の栄養管理を成功させるためには、離乳してから受胎するまでの管理が重要であることが理解できます。

▶ステージ4：分娩直前の1カ月間

分娩直前の1カ月間、これは育成期間というより、クロース・アップ期と考えたほうが良いでしょう。この期間中、初妊牛はほとんど成長しません。胎仔や子宮の重量が増すため、見かけの体重は増えるかもしれませんが、これは成長とは言えません。この時期の栄養管理は、育成牛の栄養管理の一部と考えるよりも、分娩移行期の栄養管理の一部として考えるべきです。「成長」よりも「健康」や「分娩後の生産性」がポイントとなります。

初妊牛のクロース・アップ期は、経産牛（成牛）のクロース・アップ期と違う点がいくつかあります。胎仔や乳腺の発達のために余分のエネルギーやタンパク質が必要となる点は経産牛と同じですが、乾物摂取量が低いため、同じ量の栄養素を摂取させようと思うと濃度を濃くしなければなりません。また、経産牛の場合、分娩後に低カルシウム血症や乳熱になるリスクがあるため、クロース・アップ期にDCAD値を下げるためのサプリメントを利用する場合があります。しかし、カルシウムの新陳代謝が活発で、乳熱になるリスクが低い初産牛では、DCAD値を下げるサプリメントは必要ありません。逆に、これらのサプリメントには嗜好性の問題から乾物摂取量が低くなるという別のリスクがあるため、必要でなければ初妊牛には与えたくないものです。分娩前に乾物摂取量が減れば、ケトーシスや第四胃変位などのリスクが高まるからです。これらの点を考えると、初妊牛と経産牛とで別々のTMRを給与できれば理想的かもしれません。

しかし、中小規模の農場では、初妊牛のクロース・アップ用に別のTMRを用意できないケースが多いと思います。ただ、そのような場合でも、初妊牛と経産牛を別々のペンで飼養管理できればベターです。初妊牛と経産牛を同じペンで飼うなら、体の小さな初妊牛が萎縮したり、イジメられたりする可能性があるからです。牛舎施設上の制約から、それも難しい場合は、飼養密度に注意し、初妊牛のカウ・コンフォートが犠牲になっていないかを、しっかりと確認する必要があります。

初産牛は、牛群の中で最も遺伝的能力が高い牛です。本来であれば、成牛換算での乳量（ME305乳量）が最も高くあるべきなのが初産牛です。乳検成績をチェックして、もし、初産牛のME305乳量が2産次以降の乳牛よりも低ければ、それは、どこかに改善の余地があります。遺伝的能力が高いのに乳量が出ていないということは、環境に問題があることを意味しているからです。初回分娩時の体重やフレーム・サイズが十分か、そしてクロース・アップ期の飼養管理に問題がないかなどを確認してみる必要があります。

▶初産牛の体重と乳量

初回分娩月齢は、子牛・育成の飼養管理が成功しているかどうかの指標として使われています。しかし、初回分娩月齢は低ければ低いほど良いというものではありません。初回分娩月齢が22未満の牛は、22～24の牛と比較して乳量が低いというデータもあります。月齢だけを基準にして、小さい育成牛にムリヤリ授精して初回分娩月齢を早めても、経済的な利益に直結しないケースもあります。ここで、ウィスコンシン大学で行なわれた調査結果を紹介したいと思います（Lauber & Fricke, 2023）。約 6700 頭搾乳の農場で、初産牛 2280 頭からデータを集め、初産牛の乳量に影響を与える要因を調べました。

この調査では、初回分娩月齢は乳量に影響を与えませんでしたが、分娩から 30 日後の体重と乳量の間に相関関係が見られました。初回分娩後の体重のバラつきは非常に大きく、最低値が 425.5kg、最大値は 820.5kg でした。この研究グループは、体重に応じて、この農場の初産牛を、下位 25%、25 ～ 50%、50 ～ 75%、そして 75%以上（上位 25%）という四つのグループに分けてデータを分析しました。それぞれのグループの平均体重と平均乳量を比較したデータを**表 5-1-2** に示しました。この農場の 3 産目と 4 産目の牛の分娩後 30 ～ 40 日の平均体重は 686kg でしたが、その体重と比較した%値も併記しました。初産牛の体重を評価するときは、成牛の何%に達しているのかという点を考慮に入れることが重要だからです。

表 5-1-2 初産牛の分娩後の体重と乳量（Lauber & Fricke, 2023）

	< 25%	25 ~ 50%	50 ~ 75%	> 75%
分娩 30 日後の平均体重、kg	512	553	583	631
% 成牛の体重	74.7	80.5	85.0	91.9
初回分娩月齢	21.6	21.9	22.1	22.2
乳量、kg/日				
分娩 4 週後	31.0[d]	33.1[c]	34.0[b]	35.6[a]
分娩 8 週後	33.8[d]	35.9[c]	36.7[b]	38.4[a]
分娩 12 週後	34.4[c]	36.8[b]	37.4[b]	39.5[a]

[abcd] 同行内の上付き文字の異なる数値には有意差あり（$P<0.05$）

この試験データは、初回分娩後の体重が重かった牛ほど、乳量が高くなったことを示しています。

初回分娩後の体重が最も低かった下位25%の牛と、最も重かった上位25%の牛を比較すると、体重の重いグループは、初回分娩月齢が0.6カ月（約18日）遅くなりましたが、乳量が約5kg/日も高くなりました。このデータは、初回分娩月齢だけを早めても、フレーム・サイズや体重が伴わなければ、乳生産に悪影響を与え得ることを示唆しています。この農場で体重が最も重かった上位25%の牛の初回分娩月齢の平均は22.2カ月でした。これは十分に立派な成績です。ただ、この農場で初回分娩月齢をさらに早めても、経済的なメリットはないと考えられます。フレーム・サイズなどを無視して、早めに授精を開始すべきだとは思えません。

初回分娩月齢が24カ月以上の農場では、初回分娩月齢を早めることを検討すべきだと思います。子牛・育成牛の管理で改善の余地があるケースが多いからです。ただ、その数値を下げることだけを目標にして授精時期を早めてしまうのは問題です。分娩後の乳量が低迷するリスクがあるからです。子牛・育成の管理では、栄養管理や飼養環境を最適化することで成長を促進し、その結果として、自然に「初回分娩月齢が下がる」という形を目指すべきです。

▶まとめ

初回分娩月齢を早めれば、育成牛の飼料コストを軽減できます。しかし、コストを下げつつ泌乳能力の高い後継牛を育てるためには、離乳直後の栄養管理と、その後、受胎するまでの栄養管理が重要です。この時期の栄養管理で大切なのは、粗飼料の使い方と、エネルギーとタンパクのバランスですが、次章以降で詳しく考えてみましょう。

第2章　離乳直後の粗飼料給与を理解しよう

ルーメンが未発達の段階での乾草給与は、メリットよりもデメリットのほうが多いと考えられています。本書の第3部でも書きましたが、「ミルクの給与量を制限することでスターターの摂取量を増やそう」という従来の低栄養哺乳プログラムの場合、乾草をたくさん食べればスターターの摂取量が制限されてしまうため、増体速度にも悪影響が出るかもしれません。しかし、離乳移行期は、スターターの摂取量が急激に増えるため、ルーメンpHが低下しやすく、アシドーシスのリスクが高まります。第4部で書いたように、離乳移行期の栄養管理では、乾草を十分に摂取させることは大切です。

離乳直後の子牛は、スターターの摂取量を増やしていきますが、乾草の摂取量も高めていきます。しかし、離乳直後の子牛のルーメンは半人前であり、粗飼料を十分に消化できません。大したエネルギー源とはならないのに、子牛はなぜ乾草を食べようとするのでしょうか。子牛は乾草に何を求めているのでしょうか。乾草にはセンイ（NDF）がたくさん含まれていますが、ほかの飼料原料と比較してパーティクル・サイズが大きいという特徴もあります。子牛は、センイという栄養成分を求めて乾草を食べているのでしょうか。それとも、栄養成分ではなく、パーティクル・サイズが大きいもの、言い換えれば「物理性」を求めて乾草を食べようとしているのでしょうか。まず、この点を考察した研究を紹介したいと思います。

▶粗飼料：センイ源 vs. 物理性？

この試験では、アルファルファ乾草とスターターを混ぜた、合計4種類の“TMR”を用意しました。二つの“TMR”は乾草含量が12.5％で、残りの二つは25％です。乾草の給与量が多いTMRでは、加熱大豆や脂肪酸サプリメントの給与量を増やし、エネルギーやタンパク含量が同じになるようにしました。そして、スターターに混ぜる乾草として、細切断したものと粗切断したものの2種類を用意しました（**表5-2-1**）。

ここで一つコメントしたいと思います。この試験で使われた乾草ですが、「粗切断」の乾草でも、1.18mmの孔サイズのふるいを通過するものが37.8％もあります。かなり細かく刻んだものです。「粗切断」と「細切断」の比較というよりも、事実上、「切断乾草」と「パウダー乾草」の比較だと考えたほうが良いかもしれません。それぞれの“子牛用TMR”は、15頭の子牛に給与されました（合計60頭の子牛を供試）。

- 子牛用TMR1：細切断乾草12.5％＋スターター87.5％
- 子牛用TMR2：粗切断乾草12.5％＋スターター87.5％
- 子牛用TMR3：細切断乾草25％＋スターター75％
- 子牛用TMR4：粗切断乾草25％＋スターター75％

表5-2-1 アルファルファ乾草のパーティクル・サイズの分布（Nemati et al., 2015）

	細切断	粗切断
19.0mm	0	1.0
8.0mm	6.5	26.0
1.18mm	50.5	35.1
＜1.18mm	42.9	37.8

離乳後のDMIは、乾草含量に関わりなく、粗切断された乾草が入った"TMR"を給与された子牛のほうが高くなりました（**表5-2-2**）。子牛は、乾草（あるいはセンイ）の量にではなく、乾草の物理性（切断長）の違いに反応したのです。「パウダー乾草」では子牛が求めている"物理性"を充足させられなかったのかもしれません。

それでは次に、粗切断された乾草が入った"TMR"を給与された子牛のDMIが高くなった理由について考えてみましょう。乾草がどれだけ入っているかにかかわらず、粗切断された乾草を給与された子牛は、採食時間と反芻時間が長くなりました。それに対して、非栄養経口行動（栄養分を摂取する以外の目的で口を使う行動：ものを舐める、子牛同士で舐め合うなど）の時間が短くなりました。栄養を摂取するためであれ、ほかの目的であれ、子牛は口を動かしたいという自然の欲求があるのかもしれません。そのため、十分な切断長のある乾草を給与されなかった子牛は「口を動かす」という欲求を充足させるために、いろいろなモノを舐めたりする代償行動をとるのかもしれません。それに対して、粗切断された乾草が入った"TMR"を給与された子牛は、そのTMRをより多く食べることで、その欲求を充足させられたと考えられます。

表5-2-2 子牛の行動とルーメンpH（Nemati et al., 2015）

	低乾草（12.5%）		高乾草（25%）	
	細切断	粗切断	細切断	粗切断
合計乾物摂取量、kg/日*	1.49	1.69	1.45	2.02
増体速度、kg/日*	0.64	0.72	0.58	0.89
採食時間、分/8時間*	24.2	30.9	21.1	35.5
反芻時間、分/8時間*	21.2	33.9	20.4	39.4
非栄養経口行動§、分/8時間*	30.4	23.2	33.0	23.0
ルーメンpH*	5.22	5.48	5.23	5.72

*切断長の効果に有意差あり（$P<0.05$）
§ 非栄養経口行動：採食・反芻・飲水以外のために行なう口を使った行動

粗切断された乾草を給与された子牛は、ルーメンpHも高くなりました。DMIが高く、ルーメン発酵が活発であったと予測されるにもかかわらず、ルーメンpHが低下しなかったというのは注目に値します。ルーメンpHが高かったのは、反芻時間が長く、唾液の分泌が多かったからではないかと考えられます。

増体速度も同様に、粗切断された乾草を給与された子牛のほうが高くなりましたが、これはDMIが高かったからだと考えられます。しかし、乾草含量が12.5％でも25％でも、子牛の増体速度に違いは見られませんでした。これは、この試験で給与された“TMR”が、乾草含量に関係なくエネルギー濃度が同じだったからでしょう。乾草を25％含む“TMR”では、加熱大豆のように油脂含量の高い飼料原料の給与量を増やし、エネルギー濃度が同じになるように調整されていたからです。

DMI、行動データ、ルーメンpH、増体速度、すべてのデータに共通して言えることは、子牛はセンイという栄養成分にではなく、切断長（パーティクル・サイズ）という物理性に反応しているという点です。離乳移行期の子牛が粗飼料に求めているものは、栄養成分としてのセンイではなく、物理性であることが理解できます。一定の切断長を持った乾草を給与された子牛は、極端なルーメンpHの低下を防げました。この研究データは、離乳後の子牛には、一定の物理性がある乾草を給与することで、乾物摂取量や増体速度を高められる可能性があることを示唆しています。

▶乾草とスターターの理想の混合割合

スターターというのは、基本「濃厚飼料」です。泌乳牛の場合、濃厚飼料を飽食させることはありません。濃厚飼料と粗飼料を混ぜてTMRの形で給与することが一般的です。分離給与の農場でも、濃厚飼料は乳量に応じて制限給与することが普通です。子牛の場合、どうなのでしょうか。スターターと乾草を分けて給与し、いずれも飽食させるアプローチが良いのでしょうか。それとも、スターターと乾草を混ぜて“TMR”の形で給与すれば良いのでしょうか。もし混ぜる場合、スターターと乾草の理想の混合割合なるものは存在するのでしょうか。この点を検証した最近の研究データを三つ紹介したいと思います。

最初に紹介するのは、ペンシルベニア州立大学で行なわれた試験です（Mitchell & Heinrichs, 2020）。この試験では、45頭の離乳直後の子牛に、カーフ・スターター（CP25％、デンプン28.5％）に切断グラス乾草（CP16.0％、NDF66.2％）を10％・17.5％・25％の割合で混合した“TMR”を給与しました（15頭／区）。子牛は、6週齢で離乳し、7～9週齢は乾草とスターターを分離給与、9～16週齢は試験期間として、スターターと乾草の混合給与を行ないました。試験結果を**表5-2-3**にまとめましたが、乾草の混合割合が増えるにしたがって、乾物摂取量が低下し、増体速度も低くなりました。しかし、消化率や平均ルーメンpH、飼料効率などへの影響はありませんでした。

この研究データは、16週齢以前の子牛に、乾草を10％以上混合したTMRを給与すべきではないことを示しています。離乳直後の子牛のエネルギー摂取量や増体速度が低下するのは問題です。反芻動物へと変化していく離乳移行期

表5-2-3 乾草とスターターの混合給与への子牛の反応1（Mitchell & Heinrichs, 2020）

	乾草含量		
	10%	17.5%	25%
乾物摂取量、kg／日	3.38[a]	3.09[ab]	2.85[b]
11週齢 平均ルーメンpH	5.83	5.96	5.81
11週齢 最低ルーメンpH	5.56[a]	5.23[ab]	4.80[b]
増体速度、kg／日	1.03[a]	0.92[ab]	0.80[b]
飼料効率、増体／乾物摂取量	0.30	0.30	0.27

[abc] 同行内の上付き文字の異なる数値には有意差あり（$P<0.05$）

の子牛にとって乾草の摂取は必要不可欠かもしれません。しかし、スターターに乾草を混ぜて半強制的に食わせるというアプローチには注意が必要です。乾草を10％以上混ぜたTMRを給与するメリットはありませんでした。乾草をたくさん食べさせても、平均ルーメンpHに有意差はありませんでしたし、逆に1日の最低ルーメンpHは、乾草を一番多く（25％）混ぜたTMRを給与された子牛が一番低くなりました。

これは、乾草の“過剰”給与により、子牛が給飼直後に選り食いしたからだと考えられます。この試験でTMRに混ぜたのはグラス乾草で、かなりの粗切断です。この試験で給与された乾草は、ペン・ステート・パーティクル・セパレーターの1段目に63.3％、2段目に11.2％という切断長が長いものでした。そのため、とてもソーティング（選り食い）しやすかったのだと考えられます。面白いことに、乾草含量が少なかったTMRを給与された子牛は、選り食いしなかったため、給飼直後のルーメンpHの低下が一番緩やかでした。アシドーシス予防として半強制的に乾草を食わせようとする試みは、逆効果になるリスクがあるため注意が必要です。

次に紹介する試験では、40頭の子牛を使いました（Engelking et al., 2020）。20頭の子牛には、スターター（CP23.4％、デンプン32.2％）と乾草（CP10.0％、NDF68.6％）を分離で給与し、もう20頭の子牛には同じスターターと乾草を90：10の割合で混ぜて給与しました。離乳直後の子牛（56～90日齢）の試験結果を**表5-2-4**に示しましたが、乾草とスターターを混合して給与された子牛は、乾物摂取量や増体速度が低くなってしまいました。

スターターと乾草を分離給与され、それぞれの摂取量を自由に決められた離乳直後の子牛の場合、実際の摂取割合は96:4でした。それに対して、スターターと乾草を90：10の割合で混合したものを給与することは、いわば強制的に乾草を食わせようというアプローチです。子牛は選り食いして、混合飼料（TMR）中の長モノ（乾草）の摂取量を減らそうと努力しました。選り食い指数（TMR

表 5-2-4 乾草とスターターの混合給与への子牛の反応２
（Engelking et al., 2020）

	乾草の分離給与	乾草の混合給与
スターターと乾草の給与割合	ー	90：10
スターターと乾草の摂取割合	94：4	ー
選り食い指数 §	ー	85.5
乾物摂取量、kg／日*	3.50	3.27
増体速度、kg／日*	1.31	1.20
胸囲増速度、cm／日*	0.44	0.39

§ 選り食い指数：切断長の長モノ（＞ 19mm）摂取量が想定摂取量の何％かを示した値
*有意差あり（P<0.05）

の切断長の長い部分の摂取量が想定摂取量の何％かを示した値）は85.5でした。これは、選り食いにより乾草部分の摂取量を減らそうとしたことを示しています。しかし、選り食いにも限界があったのかもしれません。選り食いだけで乾草の摂取量を十分に減らせなかった子牛は、混合飼料全体の摂取量を減らすことで“不満”を表現したと考えられます。その結果、増体速度も低下してしまいました。この研究データは、乾草を混ぜるのが10％でも多過ぎることを示唆しています。

最後に紹介する試験では（Aragona et al., 2021）、スターター（CP20.5％、デンプン38.4％）に乾草（CP6.5％、NDF64.6％）を0％・5％・10％のいずれかの割合で混ぜた３種類の混合飼料を用意し、離乳直後（56 ～ 112日齢）の48頭の子牛に給与しました（16頭／区）。試験データの一部を**表 5-2-5**に示しましたが、乾物摂取量（％体重）と消化率は、乾草の給与割合が0から5％に増えると高くなりましたが、5から10％に増えると低くなりました。さらに、乾草の混合割合が増えるにつれ、増体速度や飼料効率が低下していることがわかります。しかし、混合割合が0から5％に増えたときの増体速度の低下は僅かで、誤差の範囲内です。これらのデータから、この研究グループは、「離乳直後の子牛にとって、スターターに乾草を10％以上混ぜるのは多過ぎるので

表 5-2-5　乾草とスターターの混合給与への子牛の反応３（Aragona et al., 2021）

	乾草含量		
	0%	5%	10%
乾物摂取量、%体重*§	3.44	3.51	3.07
DM 消化率、%*§	77.6	77.8	71.1
増体速度、kg/日*	1.15	1.12	0.95
飼料効率、増体速度/乾物摂取量*	0.34	0.32	0.31

*線形効果が有意（$P<0.05$）　§曲線効果が有意（$P<0.10$）

はないか、5%程度の混合であれば、消化や成長を最適にできるかもしれない」と結論づけています。

▶まとめ

離乳移行期から離乳直後の子牛にとっての粗飼料の役割は、「エネルギー源」ではなく、ルーメン pH の極端な低下を防ぐための「物理性」にあると考えたほうが良いかもしれません。離乳直後の子牛への乾草給与は重要です。しかし、量を食わせる必要はありません。離乳直後の子牛に、スターターと乾草を自由に摂取させた場合、その摂取割合は 96:4 だという研究データを紹介しました。乾草は少ししか食べないようです。食べても十分に消化できないからかもしれません。スターターと乾草を混ぜて、ムリに乾草を食わせようとすると、摂取量が低下し、増体速度が下がります。細かく切断してあれば大丈夫かもしれませんが、切断長の長い乾草であれば問題です。

離乳後の子牛の消化能力は毎日変化していきますし、理想の乾草の摂取割合が日々変わっている可能性があります。その点を考慮すると、スターターと乾草を分けて自由に採食させ、どれだけの乾草を食べるかは子牛に決めさせるほうが良いのかもしれません。もし、乾草とスターターを混ぜた TMR を離乳直後の子牛（～ 112 日齢まで）に給与する場合、乾草の切断長やスターターのタイプ（デンプン含量）にもよりますが、乾草を含める量は5%程度に抑えておくべきかもしれません。TMRであれ、乾草とスターターの分離給与であれ、離乳直後の子牛への乾草給与で注意すべきことは、良質で嗜好性が高い乾草を用意することです。そうすることで、ルーメンpHを維持するのに必要な乾草の摂取を促進できるからです。嗜好性などの問題で、自発的な乾草の摂取を制限してしまうのは禁物です。たとえ、スターターと混ぜても、嗜好性の低い乾草はソーティングされて子牛の口に入らないで終わる可能性があることを、これまでの研究データは示唆しています。

子牛がセンイを消化する力をつけるには時間がかかるため、粗飼料の質を考えることも重要です。今まで、子牛側の要因を中心に考えてきましたが、消化率は、消化する側（子牛の消化能力）だけでなく、消化される側の要因（粗飼料の消化性）によっても決まるからです。離乳直後の子牛には、農場で入手できる最も消化性の高い粗飼料を給与する努力が必要です。離乳直後の栄養管理では、粗飼料の適切な給与により、乾物摂取量と増体速度を高めることがポイントになります。

第３章　エネルギーとタンパクのバランスを理解しよう

第１章でも述べましたが、初回分娩月齢を早めて育成コストを下げるうえで、離乳してから受胎するまでの期間の栄養管理はとても重要です。22カ月で分娩させようと思うと、この時期に0.9kg/日の平均増体速度が必要になります。しかし、成長を促進するために高エネルギーの栄養管理をすれば、春機発動前の乳腺の発達が阻害され、将来の泌乳能力が低下するリスクがあります。受胎前の栄養管理では、「増体」と「将来の泌乳能力」のバランスを取ることが求められますが、ここで重要になるのはタンパク質の給与です。具体的に考えてみましょう。

▶乳腺の成長

乳腺は、その構造上、何に一番似ているか考えてみたことはあるでしょうか。下記の四択であれば、読者の皆さんは何を選ばれますか？

A：皮膚
B：脂肪
C：筋肉
D：骨

正解は「脂肪」ではありません。「皮膚」です。乳腺が発達していく過程を見てみると、皮膚（乳首）の部分から奥へ奥へと乳管が伸びていき、そこに泌乳細胞や細い乳管からなる小葉ができて大きくなります。誤解を恐れず、あえてザックリ言うと、皮膚の一部が体の中へメリ込んでいって作られるのが乳腺であり、一部の汗腺が変化してできたもの……とも言えます。汗腺には、エクリン腺とアポクリン腺という二つのタイプがあります。エクリン腺は、ほぼ全身の体表面に分布している汗腺で、無味無臭の汗を分泌し、体温調整で大きな役割を果たします。それに対して、アポクリン腺は、ストレスなど精神的な刺激によって発汗を促され、腋、手のひら、足の裏など、局所的な発汗を担当します。乳腺は、このアポクリン腺から派生したものだと考えられています。ストレスによる発汗とは異なりますが、子どもを育てるための乳汁の分泌は、ある意味「精神的な刺激」によるもの……と言えるのかもしれません。

乳腺と乳房は違います。乳房には脂肪細胞が含まれますが、脂肪細胞は乳汁を分泌しません。乳汁を分泌する乳腺の泌乳細胞は、皮膚が変形した上皮細胞です。脂肪細胞であれば、エネルギーをたくさん供給すれば、どんどん大きくなります。しかし、皮膚が変形してできた乳腺組織は、エネルギーだけを供給しても大きくなることはありません。乳腺組織が大きくなるためには、タンパク質が必要です。

成長とは何でしょうか。骨を作り、筋肉を作り、皮膚を作る、それが成長であり、その成長を支えるのが、それぞれの組織の材料となるタンパク質であり、タンパク質を構成するアミノ酸です。しかし、アミノ酸とアミノ酸をつなげてタンパク質（筋肉・骨・皮膚）を作る仕事をするには「燃料」が必要です。それがエネルギーです。エネルギーだけを供給しても、タンパク質を作る材料であるアミノ酸が不足していれば、成長しません。必要以上に摂取したエネルギーは脂肪となり、体内に蓄えられます。体重は増えるかもしれませんが、これは本当の意味での成長ではありません。

第１章で、「乳腺の発達に悪影響を与えるのは春機発動前の高エネルギー給与そのものではなく、高エネルギー給与による肥満が問題だ」と述べました。育成牛の増体と乳腺の発達を促進しつつも、肥らせないためにはどうすれば良いのでしょうか。タンパク質を適切に給与しているかどうかが、ここでポイン

図5-3-1　子牛・育成牛へのエネルギー増給の影響

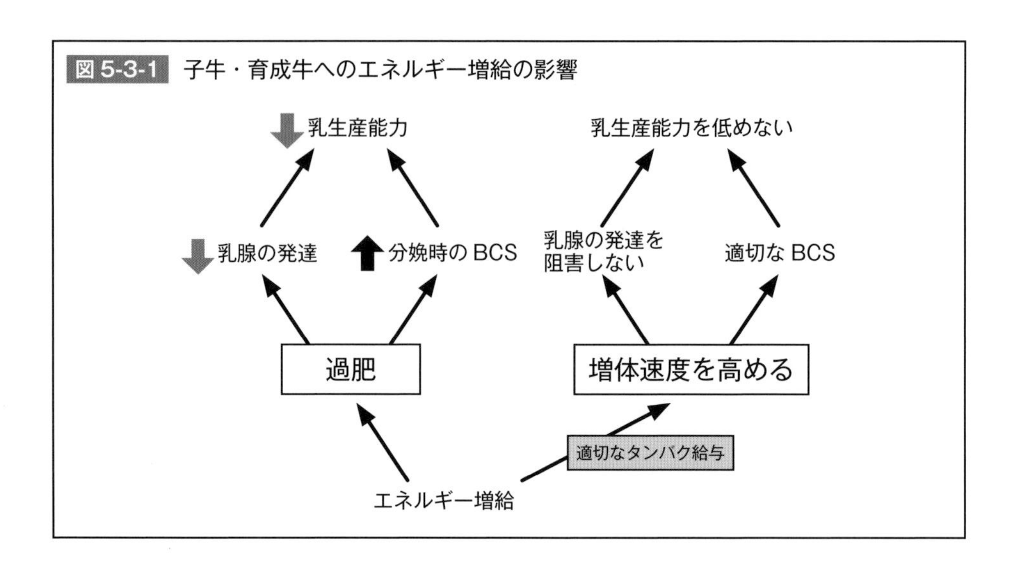

トとなります。**図5-3-1** で示したように、エネルギー増給により育成牛が肥ってしまえば、乳腺の発達は妨げられ、将来の泌乳能力も低下してしまうかもしれません。しかし、エネルギーの「増給」は「過給」とは異なります。適切な量のタンパク質が一緒に供給されれば、エネルギーは成長のために使われ、育成牛を肥らせずに成長させることができます。肥らなければ、乳腺の発達や将来の泌乳能力に悪影響が出ることもありません。エネルギー源となる飼料原料と比較して、タンパク源となる飼料原料はコストが高いため、その必要性を意識した飼料設計をしなければ、簡単にタンパク質不足になってしまいます。そのため、育成牛の成長を最適化するためには、エネルギーとタンパク質のバランスを考えることが非常に重要なポイントとなります。

▶タンパク質の給与

『NASEM 2021』は、育成牛の代謝タンパク（MP）要求量を下記の式を使って計算しています。

MP（g/日）＝（53 − 25 ×体重 / 成体重）× ME（Mcal/日）

この式に、代謝エネルギー（ME）が含められていることに注目してください。この式は、エネルギーを増給すれば、それに応じてタンパク質の要求量が増えることを意味しています。「エネルギーに見合ったタンパク質を供給する」というのが、育成牛の飼料設計の基本的なコンセプトとなります。あと、式の一部に「体重／成体重」が入っていることにも注目してください。成体重は、目標となる成長したときの体重であり、育成牛の月齢とともに変化することはありません。平均的なホルスタイン牛であれば700kgです。この計算式は、飼料設計の対象となる育成牛の体重が低ければ低いほど（成長の余地が大きい育成牛ほど）、エネルギー1Mcal当たりのタンパク質要求量が高くなることも示しています。成長するためのタンパク質を、それだけ多く必要としているからです。

タンパク質要求量が、育成牛の体重や、エネルギー供給量から計算される増体速度により、どのように変化するかを**表5-3-1**に示しました。育成牛が必要としているのは代謝タンパクですが、この表では、粗タンパク（CP）が代

表5-3-1 ホルスタイン子牛・育成牛のエネルギーとタンパク質要求量

体重、kg	112	224	336	420	560
体重、%成体重	16	32	48	60	80
予測DMI、kg／日	3.3	6.0	8.0	9.3	10.9
代謝エネルギー要求量、Mcal／kg乾物					
増体速度：700g／日	2.5	2.1	2.1	2.1	2.5
増体速度：840g／日	2.7	2.3	2.2	2.2	2.7
増体速度：980g／日	2.9	2.4	2.3	2.3	2.8
CP要求量、%乾物*					
増体速度：700g／日	19.9	15.4	13.6	12.7	13.5
増体速度：840g／日	21.5	16.4	14.4	13.4	14.1
増体速度：980g／日	23.1	17.4	15.2	14.1	14.7

*CPが代謝タンパクになる効率は62%を想定

謝タンパクになる効率を62％と想定し、だいたいの目安としてCPでの要求量を示しています。体重が112kg（成体重の16％）のホルスタイン種の育成牛であれば、そのCP要求量は19.9～23.1％です。これは高泌乳牛のピーク時よりもはるかに高いレベルです。体重224kgの育成牛（成体重の32％）はどうでしょうか。これは春機発動を迎える頃の体重かもしれません。そのときのCP要求量は15.4～17.4％です。ここでも泌乳牛並みのタンパク質の供給が求められます。種付けを始める直前（体重336kg、成体重の48％）になっても、CP要求量は13.6～15.2％と、泌乳後期の乳牛並みの要求量です。そして、受胎後（体重420kg、成体重の60％）になって初めて、CP要求量は泌乳牛以下のレベルになります。

このように、月齢（体重）とともに変化していくものの、育成牛のタンパク質要求量は比較的高いことがわかります。「粗飼料を飽食させて、その上に１日２回、配合飼料をパラパラと撒く」といった、いい加減なやり方では、育成前期のタンパク質要求量を充足させることはできません。育成牛の場合、タンパク質が不足していても、ハッキリと目に見える形ですぐに反応が現れるわけではありません。泌乳牛であれば、毎日（あるいは隔日）の乳出荷量で反応が可視化されますので、軌道修正しやすいと思います。しかし、育成牛の場合、体重を定期的に計測することも稀だと思いますし、目に見える形で「成長が遅いな……」、または「少し肥ってきたな……」と感じられるようになるには数カ月かかるかもしれません。しかし、それでは「時すでに遅し」です。

▶まとめ

初回分娩月齢を早め、育成コストを下げ、農場の収益を高めるうえで、育成前期は一番ポテンシャルの高い時期だと言っても過言ではないと思います。離乳後の育成牛の管理は、これまであまり注目されていなかったぶん、伸びしろが大きいとも言えます。「増体」と「将来の泌乳能力」を両立させるポイントは、適切なタンパク質の給与です。エネルギーの供給量に見合ったタンパク質を供給すれば、肥らせることなく育成牛の成長を促進できます。離乳してから受胎までの育成牛は、高泌乳牛並みか、それ以上のタンパク質を求めていることを認識した栄養管理を実践すべきです。

大場 真人

【著者略歴】
北海道別海町での酪農実習の後、ニュージーランド、長野県で農場に勤務
青年海外協力隊隊員としてシリアの国営牧場に勤務(1990～1992年)
アメリカ アイオワ州立大学 農学部 酪農学科を卒業(1995年)
アメリカ ミシガン州立大学 畜産学部で博士号取得(2002年)
アメリカ メリーランド大学 畜産学部でポスドク研究員および講師として勤務(2002～2004年)
カナダ アルバータ大学 農学部 乳牛栄養学・助教授(2004～2008年)
カナダ アルバータ大学 農学部 乳牛栄養学・准教授(2008～2014年)
カナダ アルバータ大学 農学部 乳牛栄養学・教授(2014年7月より)

【研究分野】
移行期の栄養管理、ルーメン・アシドーシスなど、乳牛を対象にした栄養学、代謝生理学を専門に研究
Journal of Dairy Scienceなどの主要学会誌に掲載された研究論文が合計100稿以上
日本、アメリカ、カナダの酪農業界紙への寄稿は合計120稿以上
2014年よりJournal of Dairy Science誌の栄養部門の編集者
2017年、アメリカ酪農学会で「乳牛栄養学研究奨励賞」を受賞

【日本語での著書】
『実践派のための乳牛栄養学』2000年2月発行 Dairy Japan
『DMIを科学する』2004年7月発行 Dairy Japan
『移行期を科学する～分娩移行期の達人になるために～』2012年10月発行 Dairy Japan
『ここはハズせない乳牛栄養学❶～乳牛の科学～』2019年4月発行 Dairy Japan
『ここはハズせない乳牛栄養学❷～粗飼料の科学～』2020年10月発行 Dairy Japan
『ここはハズせない乳牛栄養学❸～飼料設計の科学～』2022年10月発行 Dairy Japan

ここはハズせない乳牛栄養学❹

～子牛の科学～

大場 真人

2023年12月8日発行
定価3,520円(本体3,200円+税)

ISBN 978-4-924506-80-0

【発行所】
株式会社デーリィ・ジャパン社
〒162-0806 東京都新宿区榎町75番地
TEL 03-3267-5201 FAX 03-3235-1736
HP：dairyjapan.com e-mail：milk@dairyjapan.com

【デザイン・制作】
見谷デザインオフィス

【印刷】
渡辺美術印刷㈱